U0874966

目 录

学会规划，学会制定目标

学会规划，学会认清自我

学会规划，学会魄力行动

学会规划，学会经验划分

学会规划，学会扩大格局

别让不会规划害了你

小城青空/主编

北京工艺美术出版社

图书在版编目（CIP）数据

别让不会规划害了你 / 小城青空主编 .-- 北京：北京工艺美术出版社，2017.6

（励志 · 坊）

ISBN 978-7-5140-1209-5

Ⅰ . ①别… Ⅱ . ①小… Ⅲ . ①成功心理－通俗读物 Ⅳ . ① B848.4-49

中国版本图书馆 CIP 数据核字（2017）第 030007 号

出 版 人：陈高潮
责任编辑：陈宗贵
封面设计：天下装帧设计
责任印制：宋朝晖

别让不会规划害了你
小城青空　主编

出　版	北京工艺美术出版社
发　行	北京美联京工图书有限公司
地　址	北京市朝阳区化工路甲18号 中国北京出版创意产业基地先导区
邮　编	100124
电　话	（010）84255105（总编室） （010）64283630（编辑室） （010）64280045（发　行）
传　真	（010）64280045/84255105
网　址	www.gmcbs.cn
经　销	全国新华书店
印　刷	三河市天润建兴印务有限公司
开　本	880mm×1230mm　1/32
印　张	5
版　次	2017年6月第1版
印　次	2019年10月第3次印刷
印　数	1～6000
书　号	ISBN 978-7-5140-1209-5
定　价	39.80元

学会规划，学会制定目标

人人都是苦海沉沦，
不要以为你的苦最特殊；
所以，
彼此有不同的浮生安慰，
你只是沉溺于苦，
不肯去寻找。
谁能真的拥有全世界且走去尽头；
不如自造一个王国，
跳舞到天亮。

给自己的心找个出口

楼下有个心情不好的老板娘。儿子上了小学，她就再没有笑过。儿子有严重拖延症，作业每每要拖到晚上11点才算完，而且如今的老师一般是不训孩子的，有什么问题，家长通通留校。可每天放学，儿子就是不肯先回家做作业。从进了小区门，他就把书包往地下一扔，然后追着小伙伴们像匹小马驹满地撒欢。她一开始还穿高跟鞋，后来因得要进行这场抓人的田径比赛，干脆高跟鞋也放弃了。

她说，这样的家长可不止她一个。每每留校，十几个。老师是个年轻人，教学压力比她们更大，于是通通转嫁到家长的身上。每每去学校，她就觉得，老师要哭了，她要崩溃了。孩子们童趣无知，在门口像一对兔子一样蹦跶，无邪的笑容对着这堆崩溃的妈妈们。

夜夜夜夜，她想象，那些和她同病相怜的女人们在台灯下，指导着昏昏欲睡的孩子，恩威并施，连哄带骂。骂多了，儿子就哭，作业更慢了。这个时候，老公凑上来，婆婆凑上来，看着可怜兮兮的孩子，总是劝她：算啦，放松点。

她几乎要暴跳如雷了：每天去接送的又不是你们，你们反倒来看笑话当好人。

不知道从什么时候起，夜里惊醒，突然发现，这真的不是闹着玩儿的。那年的婚礼，仿佛是她前半生风光的顶点，以及终点。从此之后仿佛走得就都是下坡路了。在那段时间，找爱的道路走到了头，身边是如意郎君；所有人都在冲着自己点头赞许；父母放心了，公婆搞定了，闺蜜穿着粉红的伴娘裙来了，对全世界有交代了。洁白的婚纱、闪耀的钻戒，窗明几净。

怀孕过后，就是鸡飞狗跳的哺乳期。家里从来没来过那么多人，父母公婆保姆一大堆。那个稚嫩无比的小婴儿，让她不得不依靠着这堆人，却又被这堆人挤得喘不过气。她甚至出现幻听，总觉得有人在对她说话。那天，她出门，突然间有个想法想就那样穿着一条睡裤走下去，走到天的尽头。当然，她走不掉的。孩子要喂奶，她又回去了。只是在楼下呆呆地坐了三个小时。有个老人对她说：孩子上了幼儿园就好了。

她后来才知道，那种安慰叫做画饼。

卡地亚又怎样，那天晒完了之后，已经很久没有戴过；每天的世界就是卧室头顶上这盏灯，睁眼就是，腻得起鸡皮疙瘩。原来这日子仿佛永无尽头。她做梦都是儿子的作业，汇成那些符号堆成山，压得她喘不过气。夫妻生活，哦，如果还有的话。她每晚睡着，老公还没上床。等到半夜，他伸手触碰的时候，她像个暴龙，将他的手顿时掀开。他醒的时候，她在酣睡。他们永远在错过。

当年，她也是，一个说走就走的旅行者。怎么就把日子混成了这个样子。你是否看过长隆马戏团的笼式摩托表演。他们在一个笼子里不停地旋转，用力地转，因为只要停滞，就会掉下去。但是，那般努力又怎样，他们永远在笼子里。

当一个女人成为中年妇女，啊，不，少女更愿意称之“沦为”。我的一个女友说，一个中年妇女，和自我崩溃的悬崖之间，永远只隔着一步之遥。

但有个人，之所有还没有掉下去，大概是因为每天下午有人叫她去跳舞。

不是那种穿着棉布花裤子的广场舞。她们去一个工作室，学习成人芭蕾。每每换衣服的时候，我想，如果是我，那应该是像蜕了一层皮。就像我跑了五公里的感觉。头发扎起来的时候，应该脑子也没那么爆炸了。美妙的音乐一“悠扬”起来，可能全世界都清净了。我总是喜欢拥着跑步时候的音乐，大哭一场。那一瞬间，我不再是谁的妻子，永远拿着拖把让那个人把脚抬起来;也不是谁的母亲，问着“白毛浮绿水，红掌拨清波”里面哪几个词是描写颜色的；更不是下了班穿着高跟鞋飞跑回去给全家老小做饭的人。

那个瞬间只属于自己。全世界的糟糕事情都在外面。

美剧里，有很多描述那些中年危机的电影。前几天，我看了一部《午后乐事》，那个不知道“自己究竟出了什么问题”的家庭主妇，竟然鬼使神差地把一个无家可归的妓女给带回了家。也许就像远途运输的鱼箱里为了怕那些鱼死去，总要放进去一条凶猛的鱼一样。她像着了魔一样，把这个危险品放在自己的身边，并让她成为孩子的保姆。直到那个妓女终于不负众望地和邻居的丈夫上了床，打破这个原本平静的街区，她才知道，这日夜让她腻烦的平静，居然是那样宝贵。

当爱与平静成为空气；当你的婚纱已经陈旧；当你的钻戒蒙上灰尘；当你的丈夫变得像家里的沙发一样成为熟视无睹的摆设；当你在长夜里哭泣；当你在每一个太阳升起的时候又度过一个失眠的夜；当你为了孩子的功课烦恼。当你的青春逐渐过去；当你在洗碗的时候，独立面对着窗外的黑夜；当你觉得被困住，完全无法呼吸。

所以，当看到我的公众平台转发量，最高的永远是那些如何在爱情里获取快乐以及对付男人的妙招时，我都深深地失落。这意味着，还依然有人在饮鸩止渴。这个世界很奇怪，拯救寂寞的家庭女人要靠外部世界；拯救寂寞的爱情要靠另外一个人；你越是朝着一个死角要答案，越是要不到答案。

转身，换个方向，找个出口，以对付那个在世俗里不断沉沦下去的挫败感，面对梦想和青春远去的失落感。当生活趋于平静，总有些事情无法解决。你只能寻找一个空间，或者衣橱里有你的一个小角落。让你愿意重新燃起深情，为之装扮以及绽放属于你的一刻。

有个朋友说，她规定每个月都给自己买一对新耳环，每到那个耳环日，就开心得不得了，觉得自己像个小女生。听到这个故事，有点小小的感动。原来女人们要的东西如此简单。这个耳环日，成为了她的出口。

而且，还有人总以为那出口只是爱情，是别人。所以有很多女人秘密留言给我，那个影子诱惑她走出去，连脸孔都看不清，只记得在那个光亮里她似乎找回一个纯粹女人的热情。那不是你的出口，那是地狱的入口。因为同样有光，让你误以为这样。

你要知道真正的出口，是一颗自由的心。所以我总是喜欢一个人去逛街。偶尔，看到那些左手要拖着孩子，右手扯着一脸不耐烦的丈夫的中年女子，还非要他给点什么穿衣服的意见，然后一脸扫兴地面对他的哈欠；如果说婚姻里有什么让旁人觉得无趣的场景排行第一名，这个绝对是。你的女朋友们呢？又或者，为什么不把这两个拖油瓶送到楼上的游戏厅去玩个够。他们不会懂酒红配不配宝蓝，更不会懂 A 型廓型 H 型。

更重要的，即使结婚又怎样，为什么总要让所有人都完全懂你的喜好，等着别人堆积你的快乐。一个女人的灵魂，没有必要 24 小时都拖家带口。去寻找你的出口。就像某个穿着紫色上衣白色蕾丝的纱裙跳芭蕾的姐姐，美得要死。留一个空间，有些特定的光亮和脸孔，只给自己见到。

像写作于我，像芭蕾于她，像那个美丽女人的耳环。人人都是苦海沉沦，不要以为你的苦最特殊。所以，彼此有不同的浮生安慰，你只是沉溺于苦，不肯去寻找。

谁能真的拥有全世界且走去尽头；不如自造一个王国，跳舞到天亮。

不要只顾着埋头猛冲，却忘了前面是个悬崖

《欢乐颂》第一季结束了，樊胜美的性格和经历槽点最多，引发的争议也最多。

她情商极高，渴望嫁个有钱人，不想和只租得起宝马的王柏川一起奋斗。她爱慕虚荣招人骂招人恨，但在她身后，是重男轻女的家庭氛围、不断索求的家人。所以，她又最让人心疼。家庭不仅不能给她带来很好的起跑线，反而给她带来巨大的经济负担。

相比之下，在福利院长大的安迪虽然也经历过贫穷，但后来接受良好的教育，最后出任华尔街投资公司高管。

现实生活中，虽不至于背负樊胜美那样离谱的原生家庭，但普通的出生背景才是大多数人的宿命。你有没有想过，出生普通的樊胜美们有可能跑到跟安迪一样的终点吗？

[成功不是百米跑，而是接力赛]

巴菲特指出，尽管没有继承父母的遗产，但自己在童年时期各方面的条件已经十分优越：家庭环境好、父母风趣且有才智、在好的学校上学……与家庭出身好的人较量，犹如龟兔赛跑。现实中的龟兔赛跑往往还是几代人的接力赛，你的起跑线，是由你的父辈甚至祖先所决定的。

哈佛公开课“Justice”第八课《公平的起点是什么》指出：“即使是努力本身，很大程度上也依赖于幸运的家庭环境。”

通过调查英美中日等国的数据与案例，美国经济学家Clark在他的著作TheSonAlsoRises（二代崛起）里提出：一个

人的社会地位及收入与祖辈之间的相关性约为0.75。通俗来说，就是你赚的一块钱里面，有七毛跟你的父辈相关。

2015年，杭州女孩郭某被哈佛录取。多项奥数奖项，计算机水平堪比美国程序员，五门预科考试满分，颜值高，还会辩论、帆船、滑雪等技能，被面试官称为见过的“最完美的学生”，网友们也纷纷称赞。

然而没多久，舆论突然反转，网友开扒她的家境，发现她是某著名公司董事长的女儿，已经拿了美国国籍，父母均是MIT毕业。家境仿佛成为了她的原罪，舆论从羡慕，转向了嫉妒与恨。

家境好的人，人生往往是一道多选题，而我们面对的往往是“迫选题”。郭姓女孩可以选择做一个滑雪运动员、一个程序员，甚至选择什么都不选坐享财富，但是我们大多数人却无法选择，毫无退路。

[如果兔子不偷懒，乌龟要怎么跑赢]

经济学里面有一个概念叫“马太效应”，简单来说就是强者愈强，弱者愈弱。家境好的人，拥有的财富、地位、人脉、教育等资源也更多。他们可以用更多的筹码去置换自己想要的资源，实现目标。

如果单论金钱，投资财富的积累有如滚雪球，同样的速度下，大雪球体积增长得更快。如果没有碰上暴富的机遇，穷人往往只能掌握小雪球。

疲于生存的人也没有时间思考生活与未来，这样只会导致恶性循环。樊胜美在大城市挣扎，耗费了她的大量精力，本来就不多的收入要应付房租，供养父母，偶尔帮哥哥还债。她没有时间深入思考人生规划，所以，尽管聪明，她能想到的解决方案也只能是——嫁个有钱人，而从来没有想过通过提升自身来实现成功的人生。

香港一个叫做《穷富翁大作战》的纪录片，很好地印证了这个观点。受邀的主人公不乏社会公认的精英阶层的成功人士，他们被安排到奶茶店店员、清洁工等底层岗位，获得的报酬用于支撑自己的吃喝用住。

一开始，不少人都相信凭借自己的才智与毅力可以突破眼前的困境。然而，长时间低时薪的工作，恶劣的居住环境，入不敷出的生活，让他们焦头烂额。他们坦言，生活“像齿轮一样运转”“看不到明天”。

正如我们也希望自己的下一代可以继承自己的财富与地位，社会也期待看到青出于蓝，这也鼓励了强者愈强。

看看美国总统历史上的各种家族：“布什家族”四代都是耶鲁大学校友，两位罗斯福总统都是毕业于哈佛大学，精英意识、教育、人脉等，父传子，子再传子。2000 年，小布什在竞选的时候就曾开玩笑：“我继承了我父亲一半的朋友。”

而选民呢？美国人认为人生而平等，主张公平地看待总统候选人二代。但是，选总统时容易陷入的逻辑是：好比在超市买商品，与其尝试一个从来没听过的新牌子，还不如选择一个老资格的“名牌”来得稳妥！

[赢在起跑线上，一定会成功吗]

当然，赢在起跑线是父辈给予的馈赠，但是成不成器还得看个人。带着家境或者童年天才的光环，长大后不过尔尔甚至作奸犯科的例子也是存在的。

“我爸是李刚”等系列“实力坑爹”的富二代和官二代花样作死事件，还是不断在刷新我们的三观。

早早地站在优势起跑线的他们，却并没有如期走向成功的终点。

[真正的接力棒是思想，而不是金钱与地位]

拥有优越的家庭环境或是赢在起跑线的童年，或许意味着更多的机会与资源。但在人生的接力长跑中，这些都不是最重要的，决胜的关键是思想。

当父母都忙于生计，不仅可能忽略对孩子的教育，夫妻间的争吵、陋习，也会影响孩子对于人际关系、协作、幸福、成功等人生命题的认知。哈佛大学研究表明，长期生活在资源稀缺的模式中，会培养出"稀缺头脑模式"，导致判断力下降。

一个像樊胜美一样，为了生计忙碌的人，脑部没有足够的"带宽"去思考人生规划，更消耗了学习与再学习的意愿，以及复杂、专业思考的能力。长期处于被压榨的底层，又何来领导力的训练呢？

家境的天花板，往往还伴随着这些思维的"瓶颈"：习惯为了节约金钱而浪费不可再生资源——时间；害怕失败，输不起，当然也赢不起；眼界不够高，穷孩子不怕厮杀，只怕因为易于满足而"慢性自杀"……

所以，樊胜美们，其实不是输在家庭，而是输在了思想。

[培养"贵族思想"，打破家境天花板]

《欢乐颂》一定程度上记录和反映了让人深感无力的现实：阶层固化严重，"金钱和出身决定命运"的价值观让草根的大多数唏嘘不已。但反观周围，我们仍然不乏"逆袭"的先例：出身于单亲家庭的甲骨文软件公司老总 LarryEllison、出身农村的恒大老总许家印，等等。

跳出阶层，难吗？很难很难。可能吗？不是不可能。

家庭和童年，是个人思想形成的土壤。要打破原生家庭带来的局限，唯有给思想“松土”，跳出“稀缺头脑模式”。比如，你可以这样培养自己的“贵族思想”——

1. 理解父母，他们也是凡人，并非无所不能。不埋怨，是你自主改变的第一步。

2. 家庭与童年不是你失败的借口，请相信自己的心理修复力。

明尼苏达大学发展心理学、临床医师 NormanGarmezy 的研究表明，糟糕的童年不一定会影响未来，你对糟糕经历的解读，才是具有延续性影响的因素。“心理修复力”个体可控，运用好它，你也可以是人生“幸运儿”。

3. 走出舒适圈，不要害怕厮杀，更不要轻易满足，努力寻求相对广阔公平的平台。

《欢乐颂》里的邱莹莹父母要求她必须留在大城市，看似过激，但也不无道理。不可否认的是，大城市有更多的机会、更自由的可能性、更多值得学习的精英、更文明的足以保障底层人群的规则。

4. 不要为了赚钱、省钱而忘了对自己进行长线投资。

通过阅读、上网课、加入线上线下交流群等渠道，结交更多朋友，开阔视野，走出思维局限，逐渐培养自己的“精英思想”。

5. 修炼自己的核心技能，随时做好把握时代机遇的准备。

“老干妈”过硬的品质是它的核心技能，把握住了贵阳修建公路的机遇，让产品如同“蒲同英”一样随着沿路司机扩散，赢得了调味品界的成功。马云的技术以及商业思维是他的核心技能，赶上了互联网的大潮，开创了他的“阿里巴巴”王国。

把一手“好牌”打好不难，能把一手“烂牌”打好才更值得人称道。手握“烂牌”更需要策略，记得不要仅仅埋头拉车，更要抬头认清前路。

去过有意义的人生

一次行业峰会上认识了于总，他是一家私企小老板，经历过两次创业，第一次亏得惨不忍睹，第二次从地上爬了起来，不仅把之前亏损的钱全部赚回来，还大有盈余。

对于创业失败和成功都有经验的职场“老司机”，我毫无抵抗力，于是怀有莫大的好奇地向他打听关于之前创业的事情，希望可以捕获一些“干货”，悟到一些启发。

所幸，收获不菲。

第一次创业，他对于公司业务员的分配方案是：平均分配，把公司的客户资源全部都平均分配给每一个业务员，然后对于业绩不好的业务员重点帮扶，对于业绩非常好的业务员放任自由。

直到公司倒闭那一天，业绩差的业务员还是毫无起色，业绩好的业务员却慢慢变得业绩平平。

痛定思痛，第二次创业他吸取了之前的教训，改变了分配方案。

对于业绩好的业务员，他把公司的优质客户资源给他们，对于业绩差的业务员就把公司最差的客户资源给他们。

业绩好的业务员高提成高奖励，业绩差的业务员底提成底奖励甚至开除。然后，他分析得出：

公司的利润是靠 20% 的客户带来的，80% 的客户不赚钱甚至是亏本的状态。018 别让不会规划害了你

公司的盈利是靠 20% 的业绩好的业务员创造的，80% 的业务员创造的利润很少。

于是，他把大量的精力用在 20% 的客户和 20% 的员工身上，然后用这 20% 的员工去匹配那 20% 的客户。

这样他们公司的业务员的工资出现了两极分化，业绩好的业务员工资非常高，业绩差的业务员工资常常养活不了自己。

然而，他的公司经营状况却越来越好，规模越变越大。

很多时候平均主义看起来似乎很平等，但它其实忽略了单个个体的贡献。每个人的能力大小、思维模式都不同，如果给予所有的人都是一样待遇的话，那么对于贡献大的人而言是绝对的不公平。

作为一个公司创始人精力非常有限，一定要把大部分的精力、资金用来重点栽培那 20% 贡献大的业务员，这样创业就成功一大半了。

在《新约——马太福音》中有一个很有玩味的故事：古罗马一个国王要出行，把 3 个最信任的仆人叫到跟前，给了每人一锭银子，说："我即将远行，你们拿着银子去做生意吧，等我回来了再来见我"。

国王出行后回来了，三个仆人一起去见他。

第一个仆人说："报告国王，你给我的一锭银子，我已经赚了 10 锭"，于是国王非常高兴，奖给他奖状和小红花，还奖励了他 10 座城池。

第二个仆人说："报告国王，你给我银子，我赚了 5 锭"，国王也肯定了他的成绩，没有小红花和奖状，但是直接奖励了他 5 座城池。

第三个仆人泪眼婆娑，诚惶诚恐地从手巾中拿出那一锭包裹完好的银子，说："您出行后老奴一直战战兢兢、夜不能寐，只为面见您时，把您托付之物，保存完好。"

国王睥睨了他一眼，命令他把这锭银子赏给第一个仆人，并且说："凡是少的，就连他所拥有的也要夺过来，凡是多的，还要给他，叫他多多益善。"

这就是著名的"马太效应"。

马太效应启示我们，如果你做一件事情回报很大，而另外一件事情回报很小，你就不要去纠结于回报小的事情了，只需要把精力投资在帮助很大的事情上就好。

你关注了很多公众号，其实对你真正有帮助的只有20%而已。

你结交了很多好朋友，其实当你真正遇到困难帮助你的只有20%而已。

你看了各种各样的书籍，其实真正有用的只有20%而已。

你努力拓展各种兴趣爱好，其实你真正会有成就的只有20%而已。

我们往往会走入一个误区，无法把我们生活中的主要精力只分配给20%有意义的事情，在那些毫无意义的事情上，耗费了大量精力。这是莫大的荒废，这对于那有意义的20%事情是天大的不公平。

我曾经也有一段时间陷入痛苦之中，变得莫名地焦虑和烦躁，我发现自己的80%闲暇时间都是用来看肥皂剧、看明星八卦、到朋友圈玩红包游戏、毫无目的地刷朋友圈和微博，做着一些毫无意义的事情，内心非常不安定。

后来，我改变了自己的生活轨迹，我把80%的闲暇时间用来锻炼身体、看书、写作、陪伴家人，这样坚持几周后，我的焦虑和烦躁竟然都消失了。

所以，一个思想成熟的人，不是越来越涵盖，什么都去投入精力，相反，我觉得应该是一个逐渐剔除做减法的过程，知道最重要的是什么，不重要的是什么，而后，用大量的精力做重要的事情，奉行极简主义，做一个真正简单的人，这样人生才会变得宁静而深邃。

世界很大，人生很短，请每天和 20% 真正有意义的事情腻歪在一起，过 20% 的生活，这样的人生才会无悔。

想好要做什么，然后努力

朋友说，有时候会感到很迷茫，啥也不想干，关键也不知道能干啥。我也偶尔会有这样的想法，很迷茫。生活日复一日地重复，虽然也会调剂出门旅游、娱乐休闲，但是停下来，有时候还是会感到迷茫。仔细思考后，觉得是这些原因。希望跟大家分享一下。

[目标太大]

因为励志警句很多，诸如不想当将军的士兵不是好兵；思想有多远，就能走多远；人有多大胆，地有多大产。所以梦想定得都很高远，甚至有点好高骛远，不接地气。

想想那些远大的、非同一般的梦想，却没有一个实现的，当然感觉很迷茫。

能睡到自然醒的职业梦如今依旧是朝九晚五的工薪阶层，迟到早退的话会被扣工资；环游世界的梦顶多也就是国内游，而且每次回来都觉得攻略没做好，白烧了好多银子；住花园别墅的梦也基本就是有个还将就的住处，上班跋山涉水，想换个房子还瞻前顾后、精打细算。

想想到底什么时候能实现这些梦啊，我就感到特别的无力和迷茫。当然久病成医，也找到办法治疗这种些症状，那就是赶紧想想今天还能做些什么努力，比如完成一项工作任务，积累一个业务技巧，读一本书，写一篇文章，聚焦点越小越好，定位越准才越容易达成，最好是 1 ～ 4 个小时能完成的。

比如不要总想着出书、出爆文，先想着如何才能写完一篇2000字的文章，要确保文章主题新颖、逻辑清晰、用词准确、标点正确。完成后的小喜悦会瞬间冲淡那种定位太高、浮夸不现实的梦想，小成功的价值感会替代触手不可及的无力感。

[没有行动]

虽说三思而后行，但想太多了，就属于过犹不及了。

想1万次又怎样？还是没有一点改变，没有一点进展。不如付出一次行动，一次微不足道的行动也好过一动不动。在这方面，我特别佩服大伯父，他中风后，两条腿像小儿麻痹症患者一样，软绵绵无力，根本无法行走。但他却能以顽强的毅力，持续训练，用最快的时间恢复健康。连堂哥都佩服他，没人督促，他也能坚持重复练习，一步一步又一步，直到独立行走。成功很简单，迈不开腿只有死路一条。不行动，躺在床上幻想一万遍，也依旧无法走路。

因此感到迷茫时，赶紧检查下，是否自己是想得太多，行动得太少。是否是准备写一本书，却连1天写1000字都完成不了，甚至从头到尾所有写过的字加起来也达不到一本书的字数。那就别怪别人笑话你，你连自己都会看不起自己，是吧。如果是这个原因，那就赶紧动笔吧，1天500字也行，也好过一字不动。如果每天500，1个月就1万5，一年持之以恒坚持下来的话，就会有20万字。

不管写得好坏与否，20万字那是实打实的成就。写到足够的量，才会实现从量变到质变的突破。万里长城也是一块块青砖累积而成的，不要连青砖都造不出来，还要想着建造长城的鸿篇巨制。千里之行始于足下，治疗迷茫的药方是开始行动。

[没有方向]

有的人会说，我也行动了，也没闲着，但就是看不到希望。写作的字数已经达到 20 万啦，还是没什么读者，也没有收到编辑的约稿。那就要好好检讨下，是否是方向不对路。

你写作纯粹是为了娱乐自己，还是寻求共鸣。像我一开始写作，目的就是为了娱乐自己，主题经常是种花养草，读书听雨，休闲度日等。微信公众号开通后三个月就收到了微信原创许可，一些自媒体公众号也偶尔转发我的帖子，让我小有成就感。有人阅读自己的文章，还是感觉很兴奋的，所以我开始考虑如何才能写出让更多人有共鸣的文章。于是，我就开始研究畅销书、热帖和爆文，才发现尽管是 1500 ～ 3000 字的文章，领域细分到令人咋舌之地。

作者一直特立独行的猫作品为青春励志领域，居然写到上作家富豪榜的程度；晚睡、晚晴等作者作品为女性情感励志领域，阅读量每篇几万以上，都出过畅销书；李筱懿、周冲等作者既可青春励志，又可儿女情长，每篇阅读量 10 万 + 不说，所出的书也畅销不衰；更有擅长写词、写短诗、写小小说、写连载、写育儿主题、写心理主题、写正能量主题、写管理学主题的，看得让人眼花缭乱；再细分的，还有针对某个主题如自私、稀缺、沟通、情商等就写成一本书的。原来勤奋的人实在是太多，每个人都在细分领域里扎根深耕，一个主题也会研究到出几本书的程度。

所以找到细分领域，才能找到细分市场的读者，别怪写的文章阅读量少，写的字数多却还没获得认可。找到方向，做精做细才能触摸到读者的内心，引起读者的共鸣，让读者有心动的感觉。那么喜欢才会成为自然而然的事。

虽然举的例子是关于如何坚持写文章的，但是道理是放之四海而皆准的。没方向，才会像无头苍蝇一样乱撞，飞着飞着就乱了，飞着飞着就迷茫了；没有行动，才会飞不出困惑，飞不出迷茫；没有设置聚焦的小目标，才会有老虎吃天的困惑和迷茫。所以把你的目标调整到最小波段，最好是最近的4个小时能完成的；对你行动的要求最好是最低段位的，最好是起步阶段任何一个人都能实现的；对未来方向的把握不能太着急，要建立在从量变到质变的反复推敲与研究上。

说多了也是无用哈，赶紧行动吧，1～2年后见分晓，肯定会在某个领域上看到你的蜕变。

有计划的人生才更有效率可言

很多人问我，为何感觉我能做好多事？以前我的回答是我可能脑子快手快吧。但仔细想想，感觉 G 先生在这方面教了我不少重要的做事方法。想要跟大家一起分享一下。

[让专业的人做专业的事]

最近朋友创业，请我帮忙找人做传播。我帮他找好人，没几天对方就来跟我说不干了。原因是无论他做什么，我朋友都会指手画脚一番，以为自己很懂，各种提意见，而事实上他提出的意见都非常不专业，根本无法执行。后来朋友又分别让我帮忙找设计，找管理类的人，都是没多久都不干了，而我朋友自己也气呼呼的累得要命。

我问他："为什么既然请了人，还总要自己掺和啊。他们是专业人士，你多听他们的啊。"

朋友气鼓鼓地跟我说："我也很专业啊，我也很牛的，我被他们骗了怎么办呢？我当然要提出我的意见啊。都怪他们，你看看我一点进展都没有，各方面都停滞不前。"

我又问她："既然请了人，就要信任啊。疑人不用，用人不疑啊。"朋友撇撇嘴："那不行啊，我不放心呢，再说我也很专业啊，我哪儿比他们差了？"

G 先生说过："让专业的人做专业的事，是最省事最高效的方法。"

[能花钱做的事，不要用时间]

过年的时候，我自告奋勇擦家里的油烟机，以为有几瓶专业的清洗剂，就能分分钟洗干净。结果油烟机被我拆了，两个小时都没洗干净，反倒是装上去困难重重，还弄坏了几个零件。其实我完全可以请专业人士来清洗，2 个小时 100 块钱就够了。我用了一下午的时间，并没有得到自己想要的结果，反而把自己累得半死，沮丧得要命。

G 先生对于我做家务辛苦又没结果这种事早就见怪不怪，通常只甩给我一句："谁让你自己做了，请人来做啊，他们都有专业的工具和设备，比你干得好多了。能花钱的事情，不要用时间。表面上花了钱，但省了自己的时间，可以创造更多的效益，还能为别人提供机会，何乐而不为呢？"

现在开始自己做项目，也深谙这种方法。很多项目中的内容并不是我所擅长的，以前总会觉得是块硬骨头，自己点灯熬夜也要啃下来自己做。现在总会把自己不擅长的内容分出去给不同的小伙伴来做。表面上我损失了一些钱，但自己省心省力省了好多好多时间，自己的心情更舒畅了，也有时间做更多的事情，而合作的小伙伴也都非常开心，合作起来愉快又高效。

[做事带脑子，不要在小事上反复纠缠]

什么叫做事带脑子呢？就是无论做什么事情，别人说过的、写过的、告诉你的事情，注意听，自己看，能自己查询的内容自己动手一分钟就做好了，不要反反复复地问，浪费自己时间，也浪费别人时间。

比如前段时间朋友公司开了一个图书销售平台，写得非常清楚如何使用，但很多人天天发邮件打电话问，比如"在哪里登陆啊？”“退出键在哪里啊？”“充值能用招行卡吗？”有的人还听不懂，必须要手把手截图画圈才能看见。其实这些内容网站使用说明都写得很清楚了，自己耐心点看一下、研究一下就特别清楚，但非要花时间问，等对方有时间回复你，一整天时间都过去了。

[不同时间，分别做该做的事]

上班的时候有公司制度帮你安排时间，几点上班，几点吃饭，几点开会，几点下班，一天紧紧张张但有条不紊，十分充实。但周末或者放假，每天的时间自己安排，很有可能刚要吃饭想看书，刚要看书要上厕所，上了厕所玩会儿手机，就忘了起身了。时间就是这么一点点溜过去了。

《欢乐颂》里的曲筱绡对邱莹莹说过一句话：“周末的时间也是时间，时间就是金钱。”当你想要在周末放假时间做点事情的时候，自我时间管理非常重要。我的经验是定好什么时间做什么事情，让自己形成习惯。

比如我会安排早晨的时间来工作，中午孩子睡觉时候保洁或者美容师上门服务，下午小朋友睡醒后带出去玩，晚上孩子睡觉以后上英语课，读书写作。或者上午下午出去玩，中午睡觉时候我工作。当然这样的安排有时候会被打断，但大体上不会有太大变动。这样不仅能清晰地控制自己的时间，不会因为突发情况很慌张，也不耽误陪伴家庭和孩子。不同时间，分别做该做的事，形成习惯后做事情有条不紊。

我有一个朋友是全职妈妈，完完全全的全职没人帮带。从孩子三个月开始，每个月都带孩子出去旅游，不去旅游的日子，也都天天泡在各种游乐场、采摘园、动物园，等等。我曾经写过她的故事，很多读者说：“绝对不可能，肯定有人帮她忙，否则带孩子怎么做美容？”“骗谁呀，全职妈妈每天累得半死了，她这么玩，谁扫地拖地做饭洗衣服？”我也去问了她这样的问题，她回答我说：

“去美容店我都带着孩子，他在旁边玩儿，我躺着做美容。在家政公司买张卡，能打折，一小时 20 块钱，一周阿姨来个 2 ～ 3 次做做家务就行了。孩子睡觉的时候，我去做瑜伽锻炼健身。晚上孩子爸爸回家以后帮忙带一会儿，我做做第二天的外出计划。晚上孩子睡觉了，我开始做兼职的工作。带孩子当然有很多鸡毛蒜皮的小事儿，但大事化小小事化了就行了。如果孩子尿裤子这种小事儿你都要抱怨生气，觉得又给你添麻烦了，那就真是什么都忙不过来了。心累，比什么都辛苦。”

为你的人生做好规划

经营生活，远比我们20几岁以为的更困难，因为真的不是靠努力就可以了。在我小的时候，我常常听到我妈说：这个同学小时候家境很好的，我们都很羡慕，可惜，现在却在农村种田。

以前我想，这大概是命运不公平造成的，等到了我20几岁，我知道真正造成一个人、一个家庭十年之后境况迥然的原因是——思维的落后、知识的欠缺。

[光凭努力，不能拯救你的人生]

我的大学同学，小时候她父亲做物流运输。那时候他们家做得早，又能吃苦，很快就积累了一笔财富。她小学已经跟着父母去北京上海各地旅行。到了初中，他父亲车祸去世，他们家失去了经济支柱，很快她就从天之骄子变成了寄人篱下的小孩，母亲苦苦打工维持着她的学业。

而与之相反的是，我的另一个大学同学，每年他就已经开始有一笔钱可供支出，当我们还在苦哈哈节衣缩食的时候，他已经能自己出去背包旅行，这缘于他父母超前的理财意识，早就给他准备好了一笔教育基金。

在我后来的人生经历中，我亲眼见证到，一个赚钱能力极强的朋友，顷刻之间什么都没有了。

我才更加理解一件事：努力只能确保你能够像自来水龙头那样，当你打开开关，你就能接到水。可如果你没有足够的智慧，这些水会哗啦啦地流走，并不会蓄积起来。

等到哪天，流年不利，或者不走运的时候，你会发现，身后空无一人，无所仰仗。

20几岁的时候，大家身体健康，都很努力，但为什么赚同样的钱，有的人，日子过得更加自如，而你却每月月光。

30几岁的时候，你赚的或许比别人更多，但你却总觉得捉襟见肘，处处都缺钱。

经营生活，远比我们20几岁以为的更困难，因为真的不是靠努力就可以了。你必须不断地学习，才能更好地发挥你的能力，让你的努力更加值钱。

经营家庭，也不只是智商情商的问题，驱动一个家庭良性健康发展的，一定有好的财务状况做支撑。

所以，我最幸运的一件事是，遇到一个学经济的男朋友，孜孜不倦教导我各种经济常识，后来他成了我的先生，耐心教我、信任我，让我成了这个家的掌门人。

抛开爱情之外，我们的感情稳定，也是因为我们有共同的财富观念、财富规划。

我们之所以那么努力，都是为了在40岁之前实现家庭的财富自由。

[不成功，也可以达到财富自由]

《逻辑思维》发过一篇文章《你需要理解什么是“财富自由”，像理解吃饭睡觉一样透彻》。

什么是财富自由？

财富自由，是指你无须为生活开销工作，你无须只是为钱而努力工作。

简单地说，你的资产，产生的被动收入必须至少等于或超过你的日常开支。如果进入这种状态，我们就可以无须为钱做被动无奈的选择，也可以进入退休或其他各个阶段。

我和先生刚结婚的时候，两个人要还房贷车贷，过得都非常节省。但经过三四年的共同努力经营、投资，30 岁之前我们家庭财政已经相对宽裕。所以，在我怀孕的时候，老公可以很坚定地说：没事，我养你。

但为什么现在我依旧像打鸡血一样继续努力工作？我的朋友们都问过我这个问题，以你们目前的状况，你完全可以在家做太太了，为什么还要这么努力。

如果说 30 岁之前，我是为了钱在努力工作。那么 30 岁之后，我其实是为了自由在工作。我现在的状态，比我十年前刚工作时要累得多、辛苦得多，而且角色也更复杂，可最大的差异是：身体更疲惫。但我的内心比十年前要平静得多了，很少有觉得难过、忧郁、熬不下去的时刻。

因为内心很清楚，我最终要去的目的地是什么，是让自己和家庭获得更多的选择自由，可以真正养得起父母和孩子，能够让先生不用一个人支撑养家的重任。

如果哪一天先生跟我说，他有理想要去实现，我也可以坚定地对他说：没事，我养你。如果未来孩子跟我说，他想做的事业并不是那么赚钱，我也可以坚定对他说：妈妈支持你。

每当想起这些目标，就觉得这些辛苦不算什么。

前几天和一个朋友聊天，说起这一年太忙，陪伴孩子的时间明显少了，但这是一个她必须做的选择，她希望未来能够给孩子更高质量的生活，也可以成为他更好的榜样，让他能够按照自己的意愿去选择生活。

而不是像她这一代人，完全不知道自己喜欢什么样的生活，就懵懵懂懂变成了一个不开心的成年人。

[如何实现财富自由]

每一个人、每一个家庭的基础、条件、期望都不同，你不能说，我想像马云那样生活，有自己的私人飞机就是财富自由。

财富自由，不是说，我有任意挥霍不完的钱，我喜欢吃牛肉我天天吃，我喜欢爱马仕就买一柜子的爱马仕。

它提供的其实是内心相对恒定的一种安全感。

财富自由，是能让你在责任、义务、角色之内，能有SAY NO的权利。

我累了，我就可以休息，因为我有足够的钱支持我休息，并且生活质量不降低。

我可以离开那个男人，因为没有他，我依旧可以维持我的物质生活水准。我能面对父母的各种担心，因为我有足够的能力，让他们晚年不用为钱发愁。

财富自由，是一个成年人应该去学习理解的思维，是你后半生幸福自在最重要的一个通关密码。

除了努力赚钱，我们更需要去学习如何留住钱，如何钱生钱。

不管你多么节省、抠门，你会发现，钱一定是流动的，所以，一个现代人必须要学习如何让钱在流动中获得复利。（这个名词也是我后来才学习到的。）

十几年前，我是一个对钱、房子、股票、基金，完全没有任何概念的一个人。

感谢我的先生，让我从一个只知道诗和远方却内心动荡的文艺女青年，变成一个心中仍有诗和远方，但内心笃定的文艺女总裁。

只要方向明确，路并不长远

[1]

应该是很多年前，SHE组合的三个人还在一起的时候，她们一块儿演了部电影，是贺岁片，我忘了叫什么名字了，印象深刻的是当时她们其中的一个人抱着笔记本电脑在床上上网，就薄薄的一个笔记本，没有插电源，没有用鼠标。

她们的一个习惯性动作是一边说话一边把电脑合上。当时的我还没有上大学，接触的只是家里的台式电脑，刚学会开机、关机、看电视剧、登QQ等基本操作。记得那时候的PPS还不能自己选择播放时间，是二十四小时循环播放，错过一集就只能等再次循环过来才能看，不像现在可以随时点击、随时播放。

我对电影、电视剧里那种“无线”笔记本充满好奇。天啊，它不需要关机吗，为什么合上就可以了呢，那种合上的动作真是太帅气了，可以把它搬到床上看电视剧真是太舒服、太方便了，我要是也有一台那样的电脑就好了。

笔记本电脑对那时的我来说就是遥不可及的东西。直到大二那年我自己拥有了一台笔记本电脑，是宿舍里第一个拥有电脑的人，它是IBM的经典款，黑色表面，键盘中心有一个小红点，销售员说那是IBM的专利，可以代替鼠标随意移动。

由于学校的网络更新缓慢，电脑的新系统与学校系统不适配，我在科技市场花几块钱买了一个盗版的自动装系统的光碟，自己把系统换成了XP。换好系统后，发现电脑没声音了，重装多次也未好，就又在网络上搜索声卡，然后按照百度知道上给的答案一步一步地操作，最后都不知道自己是怎么把声音捣鼓出来的。

随后开始了每小时三毛钱网费疯狂看电视剧、电影的大学时光。那时候我们最多的娱乐活动就是躲在宿舍在网上看剧，全宿舍人熬夜，吃零食、水果，喝小酒，有时候一个人躲被窝熬夜看韩剧。之后电脑因为学校网络缘故又出现过问题，但都被我一一解决了。就是在那个时候我懂得所有有关电脑的东西都是可以自己摸索的，都是可以一一被解决的。

等到大二下学期及大三、大四，宿舍多了几台电脑。到那时候，电视上对我们来说曾经遥不可及的东西已经非常稀松平常了，觉得也不过如此。

[2]

我的很多幻想都是受电视的启发，比如开车这件事。

哇塞，会开车的女子真是太帅了吧。每每看电视，看到电视里的女子开车就特别羡慕，觉得她好厉害啊，那一定很难吧，路上那么多人和车，她都不害怕，怪不得她可以待在大城市，遇见帅气的男主角。

或者男士开车，女士坐在副驾驶，时不时调下情，那是不是很浪漫呢？还有就是每次要下车时，男士先下车把女士那边的车门打开，然后女士的一只脚先着地，再缓缓地下车，哇，那精美的高跟鞋衬托着修长的腿形。绅士的男人，优雅的女人。

可是等到我自己拿了驾照，学会了开车，为什么就没有这种感觉了呢？

我是没有拿驾照前就会开车的，只是不太熟练。刚开始学车时感觉好烦琐啊，离合器、刹车、油门、变速器、手刹，妈呀，我只有两只手两只脚啊，该怎么弄呢，什么时候动哪个啊。我猜测所有刚学车的女子可能都跟我一样。

记得那时候不知道离合器是需要慢慢松的，也不知道松了之后是可以再踩的，每次都是“啪叽”一下全松完，经常把车憋死，运气好的话没憋死，但也只能一挡在那瞎转，因为不懂再踩换挡啊。现在想想真是蠢啊。

教练带的学生太多了，每去一个新人他都要讲解一遍，他已经麻木没激情了，所以去到驾校你才知道好多知识是需要从同学那儿了解的，好多技巧是需要自己摸索的，有时候你都要上考场了你还不知道具体怎么考试呢。

经过两个月左右的时间，我终于拿到了驾照，且自动、手动互换自如，有一段时间还对手动挡车情有独钟，还可以在高速上疯狂驾驶。最让我高兴的是每当爸妈有需要出门而老爸不想开车时，我就可以做他们的贴心小司机，还可以载着姥姥、姥爷去走亲戚，这真是最浪漫的事。

[3]

我曾经还有很多小小的愿望，比如：

坐飞机的感觉一定很不同吧。可以在天上飞来飞去，坐在靠窗的位置，看着白色的云朵飘来飘去。TA 去机场送你，舍不得离开的样子，爱情所有的甜蜜在一瞬间爆表……

能够住在小区房子里一定很美吧。小小的格子一样的房间，自己拥有独立的一间，按照自己喜欢的风格来装饰。床上放满大小不一的娃娃，书桌上是自己爱看的小说，衣柜里挂满漂亮的裙子……

到文艺青年的聚居地大理转转，看看那些精美文字下的大理到底是什么样子。在古城的石板路上漫步，骑自行车环游洱海，在美丽的小镇双廊观看日出，倾听在大理定居的可爱姑娘的故事……

愿望很多，实现的也很多，未实现的也很多，中途改变之后再次实现的也很多，但是现在我却非常清楚，你想要的，你终会得到。

曾经在我梦中出现的、在脑海中勾勒过的，我都真真实实地体会过了，而现在我所想象的，我知道会在以后出现，可能是一年，可能是一辈子。人一生最终的结果都是一样的，不一样的只是一个阶段、一个阶段的短时的梦想和追求它们的过程。

或许你会说，你说的这些叫什么愿望，它们只是随着时代的发展出现在每个人面前了而已，根本用不着追求。可是我想说它们曾经都是我想拥有的，而现在我可以这样做了，假如我看着能够坐飞船到外星球很酷，说不定哪天我就真的可以过去了，我不想管它是怎么来到我身边的，我只想亲身地实践它，直到有一天我实现完我所有想要的事物为止。

没有什么比你期待的事物变成现实更让人喜悦的了。你想要出一本书，经过努力你是可以实现的；你想要找一份自己喜欢的工作，不断尝试你是可以找到的；你想要一位高大、帅气、儒雅的男友，谁能说你遇不到呢。

我越来越觉得，只要你方向明确，你想要的，你终将得到。

选择好你该努力的方向

这几天我的朋友圈里有好些人都在分享何炅说的一段话：要得到你必须要付出，要付出你还要学会坚持；如果你真的觉得很难，那你就放弃，但是你放弃了就不要抱怨；我觉得人生就是这样，世界是平衡的，每个人都是通过自己的努力，去决定自己生活的样子。

看到这一段话的时候我也很受触动，这样的鸡汤放在别人嘴里听到我觉得是空喊口号，可是何炅却有资格说出这一番话，因为他配得上。

我不知道是因为年底将近，大家有了回家过年的压力，还是觉得一年而过但是自己毫不收获，于是难免伤感，这一份看似简单的励志逻辑也给了很多人触动。

前些天我的一个前同事突然跟我说了一句，不知道你有没有这样的感觉，忙碌完这一年，依旧还是觉得处于解放前。

我问道，怎么说呢？

就是感觉自己这一年辛辛苦苦下来，生活还是没有什么更好的转变，自己的收入勉强让自己在这个城市里体面地活着，而且有时候也并不体面。

更重要的是，我觉得自己的钱完全赶不上通货膨胀的速度，就更别说跟得上房价了。

他说的每一个字都很具体而真实，也说得很对，所以我无法反驳。

今天早上我打开朋友圈，看到一个女生同学S姑娘也分享了前面何炅说的那一段话，然后她自己还评论了一番：我知道何炅说得很对，我也知道每个人都是要通过自己的努力去决定自己生活的样子……可是千言万语说不出口，算了……

我理解她要说的是什么，她毕业后在老家工作，每天给领导端茶倒水，偶尔做做笔录。她有自己喜欢的男生，但是那个男生在上海工作。

去年国庆节的时候，我收到了这个男生结婚的消息，跟他结婚的女生是另一个人，我只是在朋友圈里看见过，可爱漂亮，笑起来很甜。

忘了说了，女生也在上海工作。

我第一时间就是去看这个S姑娘的朋友圈，想看看她会不会受到什么刺激。果然，她发了一句话，“如果当年我也选择去冒险一次，生活会不会是另外一个样子？”

我知道她心里有千百种遗憾，千百种说不明道不白的纠结，还有很难受的感觉吧。

S姑娘喜欢这个男生很多年，从来不表明不戳破，男生自己也知道。只是男生毕业后去英国留学，而后回到上海工作，一样租房挤地铁，不同的是，那个女生就是他的未婚妻，陪着他这么熬过来了。

我不敢说如果当年是S姑娘先表白，然后跟男生一起恋爱，恋爱过程顺利没什么风浪，再到毕业后各自分开异国恋，然后坚持等到汇合，并且决定去同一个城市发展。这其中的每一个步骤，缺一不可。

别说对于爱情这件事了，对于所有的人生选择，即使一开始会决定我们的人生走向的，但是别忘了选择之后，还有千山万水的路要走。

有一次看赵薇的采访，她说起自己初中那一年考上了家里很好的师范学校，父母说可以奖励她，于是她提了一个要求，想去北京一趟。

于是那一年十几岁的赵薇一个人第一次出远门，坐火车硬座到了北京火车站，然后是表哥来接她。因为表哥家里住在很远的房山，大人们没时间陪她玩耍，她也没到过真正的北京市中心或者别的景区玩耍。

可是就是这样，赵薇说她还是人生里第一次享受到了自由的滋味，她很开心，决定要去外面的世界看一看。

回到家里后，赵薇就选择报考谢晋影视艺术学院，然后去了上海。再接下来她考上了北京电影学院，迎来电视剧《还珠格格》的机会，继而有了后来的故事。

赵薇说她出发往上海的那一天，爸妈是一路送一路哭的。

一是因为她放弃了家里师范学校这么好的机会，毕业后可以当一名教师，那个时候真是很好的一份工作；二是父母也担心自己孩子小，第一次出门闯荡，还不知道接下来的日子会怎样。

我想起自己上大学那一年，我爸妈送我到武汉上学也是不舍，当时我自己很高兴，觉得可以到大城市里生活长见识了，那个时候的我根本没有意识到他们的担忧与复杂情绪。

可是我也很感激他们没有过多阻挠或者干扰，虽有不舍但是终归得迎接明天的到来，甚至连他们离开学校与我分别的时候，我都想不起要跟他们一起照个合影，这是我一直以来的遗憾。

我的留言里有个女生跟我说，自己以前是一个大胖子，后来减肥调理慢慢瘦了下来，也开始变得好看起来，可是不知道为什么，内心还是依旧很自卑，觉得自己不配得到很多东西。

我想起有一次《康熙来了》做了一次选题是减肥达人，

那些一个个瘦身之后的漂亮的男男女女都有一个特点，就是依旧说话很低沉，动作比较慢吞吞，并且依旧很在意别人的目光。

小S问，你们这些人都这么帅气漂亮了，可是为什么还是那么好脾气？按道理你们现在是有很多人追的人，应该很得意才是啊？

还是蔡康永戳破了真相，他说这些人在曾经肥胖的日子里是很自卑的，这种自卑渗透到了他们的骨子里，他们吃什么穿什么，或者干什么都很在意别人的目光跟评价。

他们身体里住着的还是过去的那个自己，所以他们需要很长一段时间来慢慢适应，然后再真正变得自信起来。

我把这一期节目推荐给一个女生朋友看，本来的目的是想激励一下她，你看人家这么有毅力愿意变得漂亮，我们真是要向人家学习才是。

可是没想到女生朋友居然回复了我一句，“既然减肥变好看了还是这么自卑，那么这么努力的意义在哪里呢？还不如不管不顾算了。”

努力的意义在哪里？

我想起前阵子我去北京出版社给自己的新书签名的时候，认识的一个女生晴悦。她跟我一般大，但是她的人生经历要比我精彩太多。

晴悦说自己当年毕业的时候想考老家的电视台，可是没想到失败了，于是她就去报考央视，然后成为央视的驻外记者。

于是她这么一个小小身板的女生，混迹于拉丁美洲三年，一边工作一遍游玩，竟也经历了很多精彩的故事。

有一天晴悦写了一篇文章，主题就叫《太强很累，其实不强更累》，她说了这么一个观点：强大意味着你在一个团队里有优先的选择权，在人生里你可以尽可能地走那些有效的路，而那些暂时看上去不累的工作，到最后失去的却是最重要的部分，就是选择的权利。

嗯，我们之所以愿意努力，要的就是一份有得选，而不是仅仅无可奈何地生活而已。

我们之所以减肥，之所以变美变好，之所以愿意拿自己有的能力去换取薪水换取资源，之所以愿意珍惜一个有意思的朋友……说真的，这一切不一定都是绝对会有收获的。

人生本就是一场冒险的事情，只不过有些人走得大胆一些，有些人因为害怕步子就迈得小一些，也有一些刚出来没几日觉得江湖太险恶了，我还是回山洞里吧，安全舒服，不会出事。

前些天我看完电影《山河故人》，心里很是压抑，我知道贾樟柯的调性一向如此，只是再次走进那个剧情里的时候，你还是会被故事里斗转星移物是人非的沧桑而难受。

我在微博上说了一句，看了这部电影，心里万种复杂，很是压抑。

有个男生丢给我一段很长很长的句子，他说“达令姐你看看，这是贾樟柯写的文章里的一段”。

因为字字句句戳心，我就直接用上来了。

“当我年纪更大一点时我突然发现，其实放弃理想比坚持理想更难。当时那些中断学业的人都有理由，比如父亲突然去世了，家里需要一个男的去干活；又如家里供不起了，不想再花家里的钱了。每个人都是有非常具体的原因，都是要承担生命里的一种责任，对别人的责任，就放弃了理想。”

“在这种情况下，我们这些所谓坚持理想的人，其实付出的要比他们少得多，因为他们承担了非常庸常，日复一日的生活。他们知道放弃理想的结果是什么，但他们放弃了。在县城里的生活，今天和明天没有区别，一年前和一年后同样没有区别。”

“为什么我说这个电影非常伤感呢，可能生命对他们来说到这个地方就不会再有奇迹出现了，不会再有可能性，剩下的就是在和时间做斗争的一种庸常人生。”

那天夜里我反复读着这几段话，从一开始的躁动不安，然后慢慢平静下来。

我觉得我一直以来对于自己想逃离家乡那个小镇，但是又害怕自己在深圳这个地方混不出日子，没有资格说我选择这条路就是正确的。

我害怕让父母失望，让亲人失望，我更害怕让那些老家里以我为榜样的小孩失望，这种感觉每隔一段时间就会冒出来，噬食着我本就摇摆不定的心情，然后一夜夜地失眠。

也是这一夜间，我觉得自己寻觅的那个理由终于有人为我说了出来，或许我们不是为了一定要功成名就或者衣锦还乡，我们一直在做一件事情，就是对抗。

我们跟这庸庸碌碌的生活对抗，跟日渐而少的人生对抗，就像汪涵说的，“生命的丰富程度会让你在一定程度上，减轻对生命长短担忧这件事”。

我一直记得罗永浩曾为他的理想主义式创业总结过一句话：“通过干干净净地赚钱让人相信干干净净地赚钱是可能的，通过实现理想让人相信实现理想是可能的，通过改变世界让人相信改变世界是可能的，即使是在中国。”

不管罗永浩的手机事业会不会成功，但是真心希望他可以成功，因为那样的话，这个世界会变得更有趣一些不是吗？

学会规划，学会认清自我

每个人成长的困境不同，

但我仍然相信，

对生命热爱，

对梦想追寻的这份毅力，

会引领我们脱离困境。

不要轻易认为今天就是末日，

因为明天的太阳跟今天不一样。

愈早自我开发愈能起飞

宁愿是荒野上饥饿的鹰，也不愿做肥硕的井蛙！

执事之故，我学会捆绑行李。

总是独自走上生命的每个阶段，从全然陌生的环境开始安顿自己。小学毕业，明明附近有所中学，我却跑到离家四十分钟车程的中学就读。好不容易与他们熟了，成为一分子；明明附近有几所高中可供选择，却大胆地跟导师讲："我要去台北考高中！"第一次，我知道北一女，中山，景美等学校，我问老师志愿顺序，他不太确定，但终于帮我排妥。他没问万一考上了，怎么安顿？我没提，那是我自己的事。拿到准考证，回家才跟家里提起，家人一向不管我功课。

那时父亲刚逝两年，母亲出外工作兼了父职，阿妈管田地，家园，我是老大，弟弟妹妹才上小学。谁管得到我？也不需任何人叮咛，我跟老天爷杠上了，赌一口硬气对自己讲："你要是没出息，这个家完了！"

十五岁，捆了今生的第一个行李，连牙刷，毛巾都带走。屋前厝后，巡了一趟，要狠狠记住家的样子，躲在水井边哭一场，忽然长大了五岁。我不嫉妒别人的十五岁仍然滚入父母怀里，睁着少女的梦幻眼睛，而我却得为自己去征战，带刀带剑地不能懦弱。

所以，孤零零地在台北寄人篱下，每天花三个钟头来回新北投一所高中与复兴南路的亲戚家。台北火车站前，清晨卖饭团的妇人，我拿她当妈妈。坐在淡水线火车上，饭团啃完了啃书本，每本书烂得软啪啪，课堂上，闭眼睛都知道老师说错一个年代。

那时，校内的读书风气不盛，许多人放学后赶约会，跳舞，逛士林夜市，情况好的，赶补习班。我没有玩的权利，也没经费课外补习。还是那副硬脾气，就不相信出考题的能撂倒我，非上好大学不可。

这样逼自己，正常的十七八岁身心也会垮的，平常，没谈得来的朋友，她们追逐影星，交换情书，我没兴致，想谈点生命的困惑与未来梦想，她们打不起精神。我干脆跟稿纸谈，谈迷了，就写文章，投稿，成天在第二堂下课冲到训导处门口的信箱，看有没有我的信。若是杂志社寄来刊稿消息，我会乐得一看再看，看到眼眶泛红；大报副刊寄回退稿，则撕得碎碎的喂垃圾桶，我想："总有一天……"为了那一天，吃多少苦都值得。

我做事一向劲道猛，非弄得了若指掌不可。迷上写作，连带搜别人作品看得眼睛出火。他们写得好，我写不好，道理在哪儿得揪出来才能进步。常常捧着两大报副刊上的名家作品，用红笔字字句句勾，我不背它们，我解剖它们，研究肌理血脉，渐渐悟出各有各的路数，看到名家也有松松垮垮的时候。那时很穷，买不起世界名著，铁了心站在书店速读，霍桑《红字》，赫塞《流浪者之歌》《泰戈尔全集》，托尔斯泰《高加索故事》……有些掏钱买了，其余则浏览，希望将来变成大富翁全娶回家，看到眼瞎也甘愿。"世界太大，生命比世界更大，而文学又比生命辽阔！"我决心往文学走，不回头。

缺乏目标的年轻生命好比海上飘舟，我知道自己的一生要往哪里去。考大学只是眼前目标，我知道为什么必须上大学，不是依社会价值观，师长期待或盲目的文凭主义，而是依自己对生命的远大梦想。

高二暑假，我写了一封信回宜兰，告知已从亲戚家搬至大屯山学校附近的别墅，月租三百元，由于没钱上补习班必须靠自己拟定“大学联考作战计划”，因此今年不回家割稻了。“身上尚有稿费及打工赚得的钱九百八十七块，够用两个月了。请家里放心，我会打胜仗的。”

每天，依例凌晨四点起床早读，按照“作战”策略，这个暑假必须总复习所有科目并预读高三功课（已搜得学姊的旧课本），至少做一遍从各补习班，明星学校搜集的题库、试卷及历年联考试题，并且每隔半月“验收实力”——看自己能考上哪一个“混账学校”。

想睡觉，不行。开始思考打仗应该用智慧，光靠死拼活干不行！思考为什么叫人啃一头死牛没人要吃，煎成小牛排就美味得不得了。于是，把“作战计划”改成“大学联考料理亭”，依据自己的兴趣及胃口，按照清醒到昏沉的时刻表安排筵席。

所以，“历史”变成身穿古装的我恣意穿梭于时空隧道，采访秦始皇谈如何并吞六国，跟汉武帝吃饭谈外患问题，陪成吉思汗遛马的探险志了。还可以指着光绪骂：“你这个懦夫，干吗那么怕慈禧，你不会派刺客把她‘解决’掉吗？”

“地理”也好办，那是我跟心爱的白马王子周游世界的旅行见闻。“数学”，确实有点伤脑筋，三角函数实在不像个故事。“三民主义”，决定留到联考前一个月，再以革命心情奋战，效黄花岗七十二烈士。

某日午睡，梦到自己只考了两百多分。沮丧极了，恐惧这一生就这么成为泡沫。夜晚，虫声四起，前途茫然的孤独感占满内心，在日记上写着：“我会去哪里？我会去哪里？”

抽屉里有一沓没写完的稿子，其中有一篇关于一个高中男生逃家的故事。想往下写，又收进去，索性把专放稿件与写作大纲的抽屉贴上封条，仿佛唯一的财产被法院查封。

如此安顿之后，升高三，当同学们一个个迸发高三杂症，勉强念书，或奔波各补习班像只无头苍蝇，我却笃定得像个磐石，心稳稳地纹丝不动。继续按自己的作息方式排读书计划，虽然高三下学期的课堂考试成绩糟透了，但我摒弃老师的授课进度及测验计划，照自己的时间表走，不急，不慌，从不脱序。我读书喜欢问“为什么”，思考答案。有时“语文”里的问题必须从“历史”找解答，“历史”里的疑问，可以从“地理”得到线索。活读比死背深刻，而且有乐趣。如此一遍遍地读到胸中如有一面明镜，且语文、历史、地理知识相互串联、佐证，活生生如能眼见一朝一带风华。联考前一个礼拜，同学们灰头土脸，乱了军心，熬夜赶进度，我却无事可干，反其道而行，逛市场吃红豆冰，买番茄弄蛋炒饭，早晨、黄昏到山径散步，过几天舒服日子。其实无形之中，脑子里正在整编，活络所有念过的内容，使枝枝节节的知识更加密实，形成实力。我有自信，问任何问题，我都能说出一番道理。

联考那日，大多数人像进刑场，我却觉得像园游会。听说有同学拿到试卷，眼前发黑，手心冒汗，下腹绞痛，我觉得不可思议。我太稳了，拿到语文、历史、地理试卷，觉得像在考小学生，暗笑出题老师怎么出这种简单的题目？钟响后，同学们纷纷翻书找标准答案发出哀号声，或到家人面前忧心忡忡。我没人陪考，也觉得家人像组“进香团”陪考只会坏了军心。我一本书也没带，考过就算了，不再想它。闲得没事干，买汽水边走边喝，像是巡逻。

没放榜，我已算出自己到台大，就算科系不理想，选个学风自由的大环境再转系总比意气用事只是填几个志愿再挤破头转校保险。我想到一个人才荟萃、高手辈出的大环境逼自己成长，所以，台大文学院六个系全填了。同学问我:“万一上考古系怎么办？”我说：“那就去挖坟墓嘛！”老师看我的志愿单，同样纠眉头，简直是没主意的人的手笔，我仍坚持从头填到尾，人生哪能一下子就称心如意？我把选校搁第一顺位，进了大环境一切好说，“考进哪个系不重要，从哪个系毕业才重要！从哪个系毕业又不重要，将来走哪一行更重要！”我一向不认为一次联考就定了一生，往后的变数很大，多的是进自己的第一志愿科系，毕业后才改行的例子，与其四年后再从头学，我宁愿花一年时间好好摸索清楚。二年级时在哪个系，对我而言，就是决定了今生。

放榜后，在大屯山城赁居的小屋打点行囊，一下子天地开了。三年高中生活留下的日记，写的文章，一把火烧了，我的青春岁月在火光中、泪眼里化为灰烬。那些忧喜苦乐全不计较，也无须保存，我知道自己又要去陌生地方从头开始，就像过去每个阶段，命运交给我一张白纸一样。

在不断飘荡中，能感受自己的生命有了重量与意义是最大的收获。我太早离开家庭的保护，也学会独立，为自己的生命做主。虽然无法像一般人拥有快乐的青少年时期，可是也学到同龄孩子学不到的，如何做一只在荒野上准备起飞的鹰。当一切匮乏、无人为我支撑时，我惊讶自己能从“无中生有”，磨砺出各种能力，守护自己。这样的训练比考上心目中大学更重要——或者反过来看，因为有这种训练，才可能上心目中的大学。年轻生命蕴涵各种潜力，愈早自我开发愈能起飞。可惜，大部分的人耽溺在家庭的优渥保护下，只知道吃鱼而不懂如何打造一根钓竿，其实学会钓鱼才是大训练，有的人则可能因家庭破碎而击溃向上意志，不懂得把恶劣环境当作生命中的“少林寺时期”，练就一身铜墙铁壁功夫。每个人成长的困境不同，但我仍然相信，对生命热爱，对梦想追寻的这份毅力，会引领我们脱离困境。不要轻易认为今天就是末日，因为明天的太阳跟今天不一样。

如今回想高中生涯，短短三年，却把我一生的重要走向都确定了，我如愿转入中文系，如愿成为作家。少年时，怨怼老天，现在懂得感谢。因为，当他赐给你荒野时，意味着，他要你成为高飞的鹰。

开心，是一件比什么都重要的事

我们每个人都只能活一个一辈子，每天活得都很开心，大概就是对余生最大的馈赠吧。

［1］

小白是我的第一个读者，从我写第一篇文之后，他就关注了我。大概每个作者都会觉得，无论写得好不好，有人喜欢终究是欣喜的。

小白像是一个挺好看的女孩子，逆着光，在阴影下却是一张灿烂的笑脸。

我和小白后来渐渐变成了朋友，闲下来的时候会聊聊生活中的琐事。我也会偶尔发几个冷笑话，喜欢的歌也会分享。

小白给我的感觉一直是淡淡的，很少主动。

昨晚她突然给我打电话，告诉我家里人逼她和一个自己不喜欢的人在一起，声音里有哭腔。

小白不是一个漂亮的女孩子，用她自己的话说，应该是有点丑，肤白胸大腰细刚刚是她的反例。小白从小到大二十几年的人生从来没有被表白过，所有男生看都不会看她一眼。家里人也都不喜欢她，她觉得活得像个小透明一般。

在这个人人看脸的世界上，小白也不敢喜欢别人，遇到一个略微有好感的人，就觉得自己配不上对方，胆怯终究打败了好感，青春期的懵懂爱恋，她是一点都没经历过。

步入社会后，小白更是明显地感觉到长得好看是多么重要。她一进公司，接触到的就是端茶倒水的杂活。而和她同时进公司的妹子，已经被提升为助理了，平时谈项目也会被大 boss 带上。

在这样的工作环境里，小白遇到了自己真正喜欢的人，产品组的组长，老王。小白每天都要给办公室的人带早餐，两只手提得满满的，按电梯都很艰难。这个时候老王出现了，接过她手里的早餐，带着笑意说，下次拿不下就别买这么多了。甚至在第二天老王主动帮小白买了几份早餐，好分担她的重担。一个人若是在黑暗无边的寒冷冬日里待久了，看见一丝微弱的萤火，大概也会误以为那是太阳吧。

小白或许是沦陷在那个笑容里，也许是她迟来的心动，总而言之，小白是真的喜欢上老王了。用她自己的话说，就算长得不好看，也要试一试，就算没结果也绝不后悔。

喜欢一个人就是从对他好开始，小白贯彻执行这条宗旨。小白强行顺路，只是为了在老王回家的路上和他聊聊天；会在家里做好十分丰盛的便当，带到公司，然后告诉老王自己恰巧多做了一份，反正也吃不完就给他了；会在周末约老王去爬山，吃饭，看电影；甚至渐渐开始看足球，只是为了和老王一起熬夜看球……

全公司的人都看出来小白喜欢老王，不过没人觉得这有可能，原因就是觉得他们两个人太不般配了，老王不可能喜欢小白的。

老王本地户口，长得还行，高高瘦瘦，笑起来有酒窝，月收入过万，有房有车。

小白外地户口，没房没车，最关键的是长得不好看还有点胖，尽管厨艺好又贤惠，不过也没什么用。

只是小白从喜欢上老王那一刻起，就孤勇得像个女战士，喜欢一个人一直都是自己的事情，与别人何干。

无论听到多少流言蜚语，诋毁辱骂，小白都一概笑之。就算老王不喜欢她，就算连备胎都不算，那又有什么关系呢。

这样的状况一直持续到家里让她去相亲，迫于无奈小白带着万分不甘心去了，和所有相亲的人一样，一上来问题就围绕着一个月收入多少，哪个大学毕业，公司发展前景……

小白抱着敷衍的态度草草结束了这场相亲，只是几个星期后，家人告诉她，对方似乎对自己有意，觉得自己是个不错的结婚对象。

老妈则是一脸欣慰地说，你终于还是能嫁出去的，表情很认真，不是开玩笑。

大姐则飞快地告诉亲朋好友，似乎被相亲看上是个惊天动地的好消息。大家都劝她要好好珍惜，毕竟一份婚姻来之不易，尤其长相并不能加分的人。他们没人问小白喜欢那个人吗，没人问小白想要结婚吗，小白更像一个包袱，都恨不得赶紧甩手。

和老王在一起的可能性很小，家里人却都让小白早点结婚，甚至连越老越丑这种话都挂在嘴上了。

她和我说这些话的时候，边说边哭。我听着心酸，却没有办法给她任何建议，因为我不知道怎样才是对的，我只能跟随自己的内心走。

是爱而不得的最后攒够失望离开难受一些，还是将就着找一个一辈子的归宿更难受一些。

其实我不相信人人都看脸，我更愿意相信在这漫漫人海里，总会有个人爱你的独一无二。他愿意踏过荆棘坎坷，越过刀山火海，来到你面前，对你轻声说一句“我终于找到你了”。

[2]

A 同学是我从小到大的好朋友，高中的时候约定了考同一所大学，结果高考真的一模一样。这么多年一起走过来，看着她从头到尾毫不懈怠地减肥。

A 同学一直是我通信录里的第一个人，原因无他，大概每次出去吃饭都会叫上她，一日三餐，一年到头给她打的电话有几百个。A 同学身高 170，脸圆圆的，双眼皮，唯一的硬伤就是长得胖，130 斤的体重让她与苗条这个词语绝缘。

A 同学小时候很可爱，胖嘟嘟，任谁见了，都要在她脸上摸一把，顺便说上一句："哎哟，你家小孩长得真有福气，真可爱。"

过年的时候也就属她的红包最多，大家都喜欢她。

只是后来情况慢慢变了，等到上初中的时候，旁人见她，总会偷偷地议论几句，"怎么越来越胖了"，甚至有人和 A 同学的妈妈说，"要注意了，不能让她总吃零食"。

A 同学饭量很大，有些讨厌的男同桌在旁边略带讥讽地说："别吃了，你都这么胖了你还吃。"对"胖"这个字眼，A 同学十分敏感，过了一分钟是传遍班里的咆哮"我吃得多怎么了，我吃你家的吗，你出钱了吗，你出钱了吗？"

从那以后 A 同学开始节食，饿了就喝水，一天跑十几趟厕所，随便在走廊上蹦几下，都能听见肚子里的水咣当咣当的声音。

这场轰轰烈烈的减肥从初中持续到大学，高三的时候，面临高考的压力，和毫无效果的减肥，A 同学甚至抱着我哭起来。

节食，21 天减肥法，瘦身衣，减肥药，一天只吃一个苹果……诸如此类千奇百怪的减肥方法让人哭笑不得。

A 同学是喜欢做菜，也喜好美食的妹子，只是这些年的减肥之旅，她从来不敢开怀大吃，她害怕体重的上升，害怕别人觉得她长得胖，伴随着深深的自卑感。

自从我们出生之后，婴儿时期长得都差不多，后来渐渐有了美丑之分，胖瘦之分。好看还是不好看突然之间变得很重要，我们踏着歌声而来，最后却在旁人的目光中流尽眼泪。

过得开不开心只有自己知道，变好看了，变瘦了，化上精致的妆容，确实能带来很多东西，会有人追你，有人羡慕你，有人喜欢你。但是这些东西真的是你想要的吗？为此付出的代价就是天天节食，遇到自己特别喜欢的美食都不敢多吃一口，你真的想成为这样的人吗？

如今人人都是外貌控，身材控，但是我相信，其实你更愿意活得像自己，不顾旁人眼光，心情好的时候，做一桌子菜，只为犒劳自己。

A 同学如今也放弃减肥这条慢慢长征路了，旁人再说，以后嫁不了一个好老公怎么办。她只是有点骄傲地回应，我自己就挺好的，不担心以后。一辈子这么短，你确定你要过得这么委屈吗。

[3]

现在好多挺火的小说，内容大概就是当初男主嫌女生长得丑，分手后，女生励精图治，改头换面重新做人，最后变成了微微一笑袅袅动人的大美女了。我认识一个朋友，和男友相恋三年，考上同一所大学，说好的执子之手

与子偕老，到头来男友变成见异思迁色迷心窍的渣男一杯。

朋友大概也经历瘦身美容一系列失恋综合征，简而言之

就是丰富自己，忘掉渣男。

小说里的女生，曾经如何丑陋，通过努力后如何脱胎换骨，一瞬间就闪闪发光，但朋友始终没啥大变化，最后竟然赌气，偷偷跑去做了微整形。等她再出现在我们面前时，已经面目一新了。

尽管变美了，成为大众意义上的美女，但是她好像依旧不开心。

朋友和我说“变美了有什么意义呢？谁知道下一个和你表白的人是喜欢你本身，还是喜欢你那张脸？”

我立刻反驳：“你那张脸也是你的啊。”

她说：“这是我整容的，别人也可以的。”

……

朋友的妈妈知道她整容的事之后气得不行，骂了朋友很久。无论我们长了什么模样，但是身体发肤，终究受之父母。

我不能否认，在这个世界上，外貌确实很重要，我也不能否认，确实很多人都看脸，否则也不会有刷脸这个词了。但是我在意的是，你真的开心了吗？外貌很重要，但并不意味着长得丑就活不下去，无论你美貌或平凡，我都希望你过得开心。

我们只有一个一生，愿你不辜负自己。

我们有时需要点苦中作乐的精神

在老挝万荣的一家酒吧里，一对四十岁左右的瑞典夫妻跟我们拼了一张桌，很自然地大家就聊了起来。从谈话中得知，他们已经在万荣住了两年。我很好奇，一对不会讲老挝语的瑞典夫妻，能在老挝干什么。女人回答，我们就是来这里享受生活的。

我立刻把他们跟那些不务正业的欧洲 loser（失败者）联系在了一起。这些人拿着政府的救济金跑到低消费国家，完全不用劳动，就能过上神仙般的日子。年轻人出来瞎混还情有可原，都到了不惑之年，还这么"嬉皮"，就有点不厚道了。

随着身体里的酒精含量越来越高，大家聊的话题也越来越广，从《六人行》到布兰妮，从布兰妮到默克尔，从默克尔到佛教，到亚洲文化，到生命的意义，等等。我发现这对夫妻的见解很不一般，而且肯定是博览群书之人。

我对男人说："我觉得你很厉害呀，为什么不去工作呢？"

他说："哈哈，我为什么要工作？"

"为了实现自我价值呀！"

"自我价值非得靠工作来实现吗？"

我们争论起来。说着说着，我便自觉理亏，但还是趁着酒意，说了句无理的话："没有工作，那你们只能靠政府养着吧？"

他们愣了一下。男人说："我们在斯德哥尔摩有幢房子，租金的收入完全够支付我们在这边的花销。"

女人说："为了买那套房子，我们可是戴着面具，'伪装'

了好些年。”

原来夫妻两人都曾是某大公司的高管，但他们骨子里从来都不是热爱工作之人。结婚的时候，他们就约定好了，先用尽全力赚几年钱，然后就退休到热带地区享受生活。他们在老板面前努力表现，成了老板眼中的“工作狂”；他们在下属面前有板有眼、不苟言笑，是大家不敢惹的上司。辛勤的工作换来了升职和加薪，也换来了众人的肯定和赞美，但他们一直未忘记当初的约定，没有忘记自己是谁。他们从来不觉得工作是件有趣的事情，对他们来说，美景、阳光、书、自由和啤酒，这些东西才有趣。

女人说：“我有很多朋友，其实一开始跟我们的想法一样。认为人生应该拿来享受，而不是工作，工作的目的是为了能更好地享受生活。但慢慢地，他们就沉湎到工作中去了。特别是当工作为他们带来鲜花和荣誉的时候，他们便把工作当成了人生头号大事。他们想得到更多的鲜花和荣誉，于是加倍努力地工作，压力也越来越大。但他们告诉自己，这些都是值得的。他们觉得自己掌控着工作，其实早已沦为工作的奴隶。面具戴久了，就没勇气摘下来。这种自欺欺人，貌似是自我保护，实际上是自己给自己喂慢性毒药。当然，这种毒药毒害的不是你的命，而是你的魂，慢慢地你就变为行尸走肉，成了你年轻时最鄙视的那类人。”

男人舒服地往椅子后面靠了靠，将剩余的鸡尾酒晃了晃，一口饮下，说：“有些事，让别人相信就行了，可别把自己也绕进去了。”

从老挝回来后，给别人讲起这个故事时，总有人说，唉，没办法，情况不一样嘛，人家是瑞典人，可以过那样的生活，而我们只有一辈子的屌丝命。屌丝玩不起，也不敢玩。我之所以讲这对夫妻的故事，不是说大家非得效仿他们，提前退休度长假去，而是想说，一个人得明白自己到底为了什么而活，不要沦为工作的奴隶，忘了自己到底是谁、自己真正的梦想是什么。我也不是在否定热爱工作和努力工作的人，有些人就是天生的工作狂，工作对他们来说是乐趣和享受，能为他们带来巨大的幸福感，这样的人完全不必理会此文。

但如果工作并不能给你带来真正的快乐，你本有自己的兴趣和爱好，对这个世界还充满了好奇与疑问。如果你是这样的年轻人，却在各种过来人的好心劝说下，忘记了年轻也本该青春无悔，风风火火，尽情折腾，忘记了自己是谁，忘记了自己的生活乐趣是什么，这是种悲哀。

本是些朝气蓬勃的姑娘和小伙儿，本想最大限度地去品尝青春的各种酸甜苦辣、八卦狗血，却不得已过上了中年人的生活，难道不可悲吗？我不是想指责这样的年轻人。你们也是受害者，正因为这样，我才忍不住说这些不受听的话，不然你们被大人害了都不知道。当然，也有些年轻人本身就是循规蹈矩、少年老成之人，对他们来说，中年人的生活方式就是天堂。我不是想批判任何一种生活方式，我向来认为生活方式并没有好坏标准，只要你自己真心喜欢就行。

关键就在这个“真心喜欢”上面，英文里有句话我特别喜欢——Workhard，Play hard。我就不信大多数年轻人的天性只喜欢 work hard，而不喜欢 playhard。

在当前，对大多数人来说，workhard 的确是迫不得已，我也不是叫大家不要 workhard。其实我并不支持年轻人在社会中摆出一副离经叛道的样子，这除了给自己找很多麻烦以外，根本改变不了什么东西。在社会职场中，年轻人表现得守规矩点，夹着尾巴做人，并非坏事。看过《行尸走肉》的人都知道，那些丧尸见了真正的人类，便一股脑地扑上来，撕碎你，吃掉你。想要在丧尸世界里畅通无阻，最好的办法就是伪装成他们中的一员。但你永远不要忘了，自己是个真正的人。

在外面你可以像中年人一样埋头苦干，去获取老板的赏识。但工作之余，是不是可以做回年轻人，享受享受青春时光呢？如果一个年轻人完全不懂得给自己找点乐子，可能就是自己的问题了吧？有什么玩不起？非得去欧洲新马泰才是玩？去钱柜 KTV 唱歌，去高级酒吧消费才是玩？爬个野山绿水，约上三五好友到家里聚会，各人做道拿手好菜，大家一起分享，这就不是玩吗？喝几万块钱的红酒是享受，喝几块钱的啤酒就不是啦？再说，玩得开心，重要的不是玩什么，而是跟谁一起玩。年轻时候就不要计较太多，尽量对人宽容，去结识些有趣的人，广交朋友。年轻时候没有任何目的性积累下来的人脉，等你将来年纪稍长，真的有什么目的的时候，会非常有用。

这会，肯定又有人想跟我谈钱了。我已经无数次听到有人把自己的不快乐归结于——家里没钱。那些幻想着等自己将来有钱了，就能快乐起来的屌丝，我只能往你们头上拍块板砖了，因为贫穷时无法快乐的人，富有时也无法快乐。

我见过这样三种情况：1）没钱的时候不快乐的人，有了钱照样不快乐；2）没钱的时候快乐，有了钱也快乐；3）没钱的时候快乐，有了钱不快乐。我从来没见过：没钱的时候不快乐，有了钱后就变得快乐的人。金钱对于乐观者来说，是锦上添花，金钱有可能让快乐的人过得更快乐；但金钱救不了悲哀者，悲哀的人，越有钱越悲哀。年轻人，你们的问题不是没钱，而是不懂苦中作乐。

做个好玩的人，过个好玩的人生

[1]

亚里士多德的妻子性情激烈，一次争吵，妻子气愤难当，从楼上向下倒了一盆水，淋了他满身。

他笑："我就知道，雷声之后，必有暴雨。"在充满攻击的两性关系时刻，幽默化解尴尬，包容冲突，为自己与他人，赢得更善意的生存空间。

[2]

英国首相威尔逊，在一次演讲中途，遇有异见分子高声叫嚣："狗屎！

垃圾！"

全场沸然，一时骚乱。

虽然受到干扰，但威尔逊情急生智，不慌不忙地说："这位先生，请少安勿躁，我马上就会讲到你所提出的关于环保的问题。"

众皆鼓掌。

在这样的关键场合，幽默成了化腐朽为神奇，化小冲突为大格局，继而扭转局势，赢得人心的法宝。

[3]

曾看过一篇报道，"9 · 11"事件中，一个消防队员在世贸大厦 90 多层救出一名男子，随后两人一起逃命。

但楼层实在太高，两人跑得筋疲力尽。

大楼正在垮塌，电火流窜，浓烟滚滚，重物不断下坠，两人随时有生命危险。

这时，男子边跑边递给消防队员一张名片："亲爱的，如果我们逃不出去，到了天堂，一定要保持联系。"

在这样的生死边缘，幽默成了笑对危机、淡化恐惧的妙招，而在这种话语之中，一个人的从容、乐观豁达，跃然而出，浮现在我们眼前。

[4]

趣味，不仅会化解麻烦，也会增进情感。

前不久，一个单身待嫁的女友说：

钱，我有；爱，难辨；说到底，只有趣味，还算一个不错的择偶标准。

她的话在很多人看来，她过于务虚。

但，根据积极心理学来说，这是有科学依据的。

麦凯蒂提到："女人总是想方设法，寻找一种能证明男人聪明的东西，而我相信，对周围形势反应积极、会开玩笑、把你逗得前仰后合的人，都拥有大智慧。"

人类学家海伦·菲舍尔则说："有趣的人，能缓解糟糕的形势带来的种种沉重，因而能减轻人们的过激反应，渡过关系中的难关。"

因此，有趣，会带来生存的积极价值，也会让两性关系更加融洽，健康，幸福。

[5]

一个心理学家面对自己的成年的女儿，给她写长信，信上说：如果可以，尽量不要找无趣的人。

因为，无趣，意味着封闭、麻木、贫乏、缺乏生命能量。

流光溢彩不见了，有的只是陈旧苍白，一板一眼。

妙趣横生消失了，有的只有寡淡无味，了无生趣。

没有任何意外；

没有任何惊喜。

生命就像一条一览无余的直线，往后看一眼，都是灰蒙蒙、直愣愣的余生。往前看一眼，过往就像晒干了水分的方便面蔬菜，各种流动的情节，全都提前夭折。

无趣，心就会封闭，能量流动缓慢。

有趣，心就会敞开，获得更多可能。

[6]

冯巩的母亲，是一个聪慧的大家闺秀，她曾在访谈中说：留给他万贯家财，不如留给他幽默感。

幽默，才是真正取之不尽，用之不竭的财富。

因为它会真正福及你的一生。

而冯巩，以他的荣光、有趣和高人气，证明了这一点。

我相信，如果有一天，他不再在观众面前出现，幽默依然会赋予他的人生以趣味、美感和丰富性，使之具有意义，依然值得好好地活。

[7]

幽默当然重要，只是要认清：

幽默不等于滑稽，有趣不等于下作，诙谐不等于没教养，好玩不等于哗众取宠。

真正的有趣，包含了太多东西，诸比智慧、宽容、求知欲。

正如莎士比亚所说：幽默和风趣是智慧的闪现。

如果一个人，空空如也，枉顾自己的无知、贫乏、麻木，表面化地追求趣味，搬用各种段子，硬套各种模式，就会显得浅薄和油皮。

[8]

曾经认识一个人，在小圈子里，也被认为有趣。

他在饭局中，与女人喝酒，说：无花不饮酒，无月不登楼。

吃到尾声，摸着自己圆滚滚的肚皮，又说：有本事的男人，会把别人肚子搞大；我没本事，只有把自己肚子搞大。

众哄然。

在场女性，多会觉得他幽默备至。

但听人说，这两句话，他逢局必讲，一字不差地重复，顿时觉得无趣极了。

趣味，不是段子，不是哄笑，不是套路。

而是生命的灵动，精神的明亮，灵魂的深重。

[9]

黄永玉先生是我非常喜欢的长者。

命途多舛，成就亦大。

最初知道他，只知道是一个画家，后来看到他的文，惊讶于那种智慧与灵气。

当时想：这个人，一定非常有趣。

果然如此。

去年有一个长帖，就是关于他，说他是90岁的段子手，秒杀当下一众网红。其妙语趣言，数不胜数，均令人忍俊不禁。

萧乾这么形容："浮漾在他粗犷的线条间的，正是童稚、喜悦和奔放。”

他就像一个永远的顽童，永远保留着旺盛的求知欲，面对着庸常的生活，总要凑近前去，大喊一声：喂——

而在曲径通幽处的趣味，就会施施然出现，与他心照不宣、心有灵犀地对着傻乐。

嘻嘻嘻……

哈哈哈……

[10]

黄永玉说：人生有很多好玩的瞬间，不是吗？

只是，生活的“好玩”，只有“好玩”的人，才会发现。

你若灵魂贫乏，那么，无论置身于何处，也会觉得无聊透顶。

而如果，你是一个对生命有热忱的人，那么，世间万事万物，在你处，都会柳暗花明，别有洞天。

就像黄永玉，虽年近九十，亦活得欢天喜地。

就像王小波，虽历经种种荒诞与苍白，仍趣味盎然。

就像你，以及那些真正的年轻人，虽活在荒诞的今天，还是努力地，通过好奇心与求知欲，让生命更丰富，让此生更无悔。

爱自己比什么都重要

清晨的大学校园里，一位老伯正独自在长椅上看报，两个学生拿着采访机走过来，礼貌地问：我们是学生新闻社的记者，能采访您一下吗？

老伯抬头看看，嗯了一声。

两个学生于是坐下来，问："您这个年纪，一定经历过很多，能不能谈谈您生命里最重要的一天？"

这实在是个蹩脚的提问。如果你被这么问过就一定知道，除非经过相当长时间的思考，否则很难给出漂亮又切实的回答。要是有大明星碰到这个问题，他八成会说，"抱歉，没有最重要，只有很重要"，然后胡乱编个故事，并在心里暗暗鄙视提问者。

好在老伯不是大明星。他眯起眼睛想了会儿，认真地说，"确实有那么一天，对我来说比任何一天都重要。那一天，我爱上了一个人。"

两位学生高兴地对视一眼，满怀期待地等着听。

老伯开始慢慢地讲：我认识那人有些年了，但我一直很厌恶她，她一出生就瞎了一只眼，左手还只有三根手指，像鸡爪子一样难看，若有可能，我真想一脚把她从我身边踢开。但命运安排我们始终在一起。我26岁时，我们在导师的带领下研究一种病菌，她的那一组得出了重大成果，只是在最终结果出来之前，她的合作者忽然疯掉了，她独立完成了最后的工作。如果这时候她只在研究报告上写自己的名字，独享一切，没有人会提出质疑，但她没有，反而把那位合作者的名字排在了自己前面，因为对方的付出确实比她多些。在公布成果那天，导师在几百名师生面前大力表扬了她，说自己一生渴望教出品学兼优的学生，感谢她，在他即将退休的时候，实现了愿望。导师说完后，眼泛泪光，深深给她鞠了一躬，所有人都为她鼓掌。

就在那一刻，老伯说，我发现原来她还真是个不错的人，她正直，善良，聪明，勤奋，那些身体缺陷实在不能遮盖这光芒，于是我爱上了她。这份爱改变了我一生，时至今日，想起心意转折的那一刻，我仍会激动不已。两位小记者也有些激动，其中一位赶紧追问：那个人，是您现在的妻子吗？

老伯摇了摇头，摘下眼镜慢慢擦拭。

另一位小记者正想继续追问，却惊奇地发现，老人的左眼始终一动不动，显然是假的。他下意识地去看老伯的左手：只有三根手指！

小记者诧异得不知说什么好，半天才问：您说的那位“她”……

老伯点点头，是的，就是我自己。

原来，不是“她”，是他。

老伯擦好眼镜，用只有三根手指的左手戴上，指了指刚好走过的一位漂亮女生，说，我知道在你们这个年纪，心里想得最多的是爱情，一定会有那么一个人，你爱上了，全力以赴想去赢得她的心，以为得到她，便是人生最大的幸福。其实我倒觉得，没有哪个姑娘能给你永远的极致的幸福，你只有真正地、毫无保留地爱上自己，才会获得人生最大的胜利。

爱上自己，谁不爱自己呢？小记者问。

当然不。老伯说，虽然每个人都会对自己好，会极力地让自己开心满足，就像臣民去讨好他的国王，但那不过是人类最原始的本能，是自我满足的私欲，不是爱。你只有真心觉得自己很好、欣赏自己并以自己为荣、庆幸你是你而不是别人，才算是真的爱自己。只有这样的爱，才能使自己获得深刻而长久的幸福。老实说，少年时的我，因为这只眼和这只手而对自己厌恶至极，觉得自己活得像一摊垃圾，当然，幸福从未降临到我心里。直到那一天，导师让我看到并相信自己身上还有优良的部分，而这恰恰是作为一个人，最重要的部分。于是就在那天，我原谅了我的手和眼，原谅了我的残缺瘦弱，原谅了我的笨嘴拙舌，我开始真诚地爱自己，并由此感到了巨大的快乐，那感觉，就像经历了漫长寒冷的黑夜，看到阳光忽然跃出海面，世界从此天光大亮，春暖花开。

老伯看了看天空，悠然地说，其实爱上哪个姑娘一点也不重要，爱上自己才是正经事，也许你们不会像我这样忽然开窍，忽然地对自己倾心接纳，但至少应该每一天都努力去做一个让自己喜欢的人，然后慢慢地开始爱自己。再退一步，你至少得发自内心地觉得自己不那么厌恶，如果人生中时时处处违背心意，越来越觉得自己面目可憎，那么到了我这个年纪，就算取得什么成就，你也会觉得是活在一个垃圾堆里。

所以，不管对谁来说，人生最重要的一天，都是爱上自己的那一天。老伯说完，微笑着向旁边打了个招呼，两位小记者这才发现，系主任不知何时站在了他们身后。

“老校长，原来您在这里。”系主任恭敬又急切地说，“美国的专家团到了，大家都在等您讲最新的研究成果，快走吧。”

老伯缓缓站起来，跟两位小记者道别，又自语道，其实跟我刚刚做的这场报告相比，下一场也不怎么重要。

你之所以这么没有安全感是因为你不够努力

说着说着，朋友Y突然趴在桌子上哭起来。

这一刻轮到我束手无策了，安慰人的工作，不是我的强项。

这是我见过Y哭得最伤心的一次，应该说仅有的一次，要知道以前生活再难，她都能咬牙挺过去，可是这一刻，家里催她结婚都快要把她逼疯了，她没有办法反驳父母，但是也不知道怎么办。

她说，突然之间发现自己出来工作四年了，好像跟昨天刚毕业一样。马上就第五年了，还是依旧做着一份很普通的工作，拿着不怎样的薪水，可是她回头去看过去的四年时光，她都不知道自己究竟干了些什么，工作没有好好做，恋爱也没有正经谈过。

她很害怕自己就这样一直失败下去，工作的四年，她好像什么都不会，都不知道怎么面对自己的父母。

她说第一年工作的时候，身边有个同事通过自己的努力，拿到了一个大项目，然后成功地成了她的顶头上司；跟她一起进公司的那个小姑娘，开了自己的英语培训机构，学员几十上百。自己好像一无所长，走在人群中随时会被淹没。

明年就是第五年了，过了第五年，在工作上再没有起色的话，就一直这么平庸下去了。

偏偏时间过得那么快，有太多的东西想要尝试，有太多的事情想做，有太多的地方想去，可是好像根本来不及啊。

她觉得好害怕，很焦虑，她怕自己就这样匆匆过了一生，到最后，却什么梦想都没有实现。

真的需要那么焦虑吗？可是，你还这么年轻啊。

你怎么可以一口算尽整个人生呢？我见过 30 岁才开始跨界拼命背英语单词的男生，到了 40 岁才开始真正走上英语这条道的。

静下来，让我来告诉你：其实一切都还来得及。

很久之前，我报了个心理咨询师的成长培训班，当时和我一起上课的有一个 50 几岁的阿姨，学起来比我们都要吃力，每一次的课她都认真做笔记，然后回到家里积极地练习，后来她顺利拿到了优秀学员的荣誉。

我读过摩西奶奶的书，我了解了她是 76 岁因关节炎不得不放弃刺绣，才开始绘画，80 岁时在纽约举办个展，才引起轰动。

我爷爷在 75 岁的时候才开始每天研究《周易》的书籍，到了 83 岁能把《周易》的观点说得淋漓尽致，很多人来向他请教，虽然没有过多少年他就离开了我们。

你为什么感到焦虑、来不及？跟这些人比，你凭什么说来不及？要知道说害怕只是为了掩饰不去行动的一个借口罢了，什么都不去做，每天游离是在自我催眠，害怕。

为什么不去做一些改变呢？

我害怕呀？

你现在可以重新拿起你喜欢的事情，认认真真地做到极致呀？

不行呀，我害怕呀？

你可以尝试着去跟异性相处，好好恋爱一场？

不行呀，我害怕，焦虑呀！我都 30 岁了……

要不要这么麻痹呢？这么天真呢？害怕是最没有影响力的借口。

你羡慕那些比自己跳得远的朋友，你说你也很想成为这样的人，努力了一段时间后，你发现自己还是没有所得，所以你开始焦虑，开始想寻找快一点的成功方法，越是这样，就越焦虑不安，越是什么都来不及。

我们为什么总是焦虑不安？或者说为什么总有那么多人跟我一样觉得慌张惊恐，觉得人生青春好像要没了，好像很多人生愿望我真的就错过了，好像我这一辈子就要过完了？而且对于一个女人而言，这种恐慌更会随着皮肤的松弛，眼尾纹的增加，以及“例假”的量越来越少而成倍地增加。

害怕是因为前方的道路漫长而未知，害怕是因为现在落后于别人很多，害怕是因为怕终究无法成为自己想成为的人。

说到底都是因为追求结果的心急了，享受过程的乐趣少了，都想能够在短时间内得到大爆发，最好来个一夜成名。

这不怪我们，要怪就怪我们当下耳濡目染太多一夜成名的故事，使得我们在这焦躁的社会惶恐，生怕自己一辈子平庸下去。

但是有没有想过我们就是普通人，我们需要的是努力让自己的普通人的生活也可以显得熠熠生辉。

你要相信，总有一天，你的努力，会为你证明自己的。只要你愿意努力，愿意去改变，任何时候都会显得不慌张。

学会规划，学会魄力行动

在这个浮躁的时代，

坚守自己的选择，

专注地投入其中，

你才会走得更远。

做人永远不要放弃自己的坚持

前几天我妈跟我讲了个励志段子，说某个大学老师多年来坚持研究某个文史课题，该课题在国内一直无人问津，因而此人在国内也一直过得很潦倒。后来在一个偶然的机会，从美国回来的某教授也对这个课题感兴趣，二人一拍即合，教授把衣钵传给了此人，此人便远赴美国接任要职，过上了衣食无忧幸福快乐的生活。

结论是，做人永远不要放弃自己的坚持，只要你把自己感兴趣的领域学深学透，你一定会等到一个好结果的。

好一碗鸡汤。

我当时就驳了我妈一句："假如他没有遇到这个教授，假如他人生中没有这个机会，是不是他这一生的坚持就都是错的了？"

我妈说："怎么会呢？只要他学有所成，他总会遇到机会翻身的啊！"

可是，假如他偏偏就是没有翻身呢？

所有的鸡汤都在告诉我们：再苦再累也要坚持内心的信仰，只要坚持到底就一定会成功——而我一直都觉得，这句话，前半句是对的，后半句则完全不靠谱。

茫茫人海，芸芸众生，这个世界上什么人都有。拿个别案例煲一碗鸡汤原是不难，可谁又能给你的人生打上一张"柳暗花明又一村"的包票？

我记得几年前看过一篇文章，说某人家里有个长辈，一辈子都是个贫穷的农民，但这位长辈很热爱阅读，总可以在阅读中得到力量。所以，在其他村民都暴躁易怒怨天尤人的时候，他总是活得乐呵呵的。后来有杂志办了一场“阅读改变命运”的征文比赛，此人把这位长辈的故事写了下来去投稿，结果被拒了。等结果一出来他才发现，所有获奖的征文，全都是讲主人公靠阅读获取了知识，之后如何发家致富衣锦还乡的故事。

可是，只有发家致富，才叫做改变命运吗？阅读这件事本身，难道不是开了一扇窗，把原本烦闷潦倒的生活，变成了色彩缤纷的传奇？

是不是只要做不到发家致富衣锦还乡，阅读这个爱好就谈不上它的意义了？在托福听力里有过一篇令我印象极为深刻的讲座，说的是亚里士多德的心理学理论。他界定了两个名词：外在价值（extrinsicvalue）与内在价值（intrinsicvalue）。

如果我们只是把某件事物当作是达成某目的的一项工具：例如我们去健身，是为了瘦，是为了美，是为了大功告成之后吸引更多人的青睐，而健身的过程对于我们来说是一种煎熬——那么当我们说自己喜欢健身，事实上我们只是在推崇它的“外在价值”。

但“内在价值”指的是，我们就是在享受这件事情本身，我们没有把它当作达成目的的工具，我们不在乎得到的结果如何——例如我们不在乎体重减没减，我们只是觉得运动让自己很快乐，那么我们就是在享用它的“内在价值”了。

又例如有些人教书是为了工作稳定收入好，他们每天都在抱怨，自己管教一群熊孩子是多么多么辛苦，好在工作待遇还不错。而有的人教书，仅仅是在享受与小朋友们相处的那种快乐，至于薪水，那不过是额外的收益罢了——意思就是，即使薪水没有这么高、工作环境没有这么好，这个人继续做着这份工作，也一样可以很快乐。

在平凡无奇的生活中，我们很多人都在渴望着奇迹出现。

例如兢兢业业工作的小会计，用善良与勤恳打动了霸道总裁，谱写出一段灰姑娘的传奇；例如认真画图的工程师，忽然得到一个机会大展拳脚，成了首屈一指的行业巨头；例如脚踏实地的公务员，忽然撞了大运，在股市里挣了大钱，便辞职下海出任 CEO 迎娶白富美走上人生巅峰……

连我自己，也一直都是个渴望奇迹出现的人。我一直大言不惭地说，“做人就是要去追求那些让自己开心的事业。”我也一直不太看得上身边那些，服从家里安排去考公务员，抑或是靠父母的人脉被安插进哪里哪里工作的朋友。我一直都觉得，只要坚持梦想，就会等来奇迹。

就像我去年申请研究生，本科出身和绩点条件都不乐观，唯一可能出彩的就是我完全 DIY 写的那些材料——结果我竟然拿到了美国哥伦比亚大学艺术学院的面试。这样一个机会，让我藏着掖着，生怕说出来就被人抢了去。我为自己格格不入的本科怨念了四年，拿到这个机会的时候我就在想，现在我终于可以扬眉吐气了吧？

可我后来得到的结果是 waiting list，即所谓“没有录取也没有拒绝”的备胎。如果已录取的人当中有人不去，我就有机会补上名额。当然，这种备胎转正的“殊荣”，并不是那么容易等到的。

在 gap 了一年重新申请之后，我今年要去的学校，也并不是它——并不是我一说出名字就会得到一句“哇”的女神校哥大，而是需要我解释完地理位置再解释专业排名的，另一所令我心仪的大学。

虽然我自己觉得功德圆满了，但在许多崇拜常春藤名校的国人看来，我所创造的这个“奇迹”，恐怕是大大打了折扣的吧。

可这也没关系啊。我跟人说，在这一年里，我有很多闲时间，所以能够关注时事和娱乐新闻，可以写周记，因而结识了许多读者，还得到了许多出版公司的邀约。这恐怕算是我在“坚持梦想”的道路上，创造的另一项奇迹了吧？但就在昨天，我发现，我可能也创造不了这个“奇迹”。

昨天，一位诚意十足的编辑朋友，在新书选题通过之后，开始与我谈合约。钱的方面我根本没纠结，差点就直接签约了，直到编辑朋友说，想把我拟的书名《少年心事何足道》改成《以自己最骄傲的方式活着》。我当时马上说：“等等！这个约我不能签，我不能忍受自己的名字和一个这么鸡汤的书名挂在一起……”

当然，我自己取的书名未必有多高明。只是我希望，挂上我名字的作品，起码表达的都是我自己的心意，而不是为了迎合谁谁而涂脂抹粉伪装出来的。

然后就有朋友来找我谈心，跟我说，我这段时间出的两本书走的都并不是很大众很畅销的路线，而且也并没有配合做任何宣传活动，甚至没有进行业内盛行的“买榜”。如果我坚持自我，不准备市场化的话，可能我就要一直做一个小众作家了。

所以，to be or not to be？

我压根就没有犹豫。我觉得我要继续做自己，哪怕代价是可能无法“出头”。

首先我这个人很幼稚，我觉得“小众”这个头衔格调十足。然后，我觉得，属于我的读者和市场，真的是贵精不贵多。其实不管是开一场几万人的演唱会，还是面对台下只坐着一两个人的音乐分享，我们都可以用尽全身力气，痛快地唱下去，不是吗？

那么问题又来了——

有可能，我现在全心全意坚持的这件事，最终也没有办法给我带来很辉煌的成果。

有可能，我一直就停留在这个自娱自乐的阶段，上不了什么排行榜，也拿不了多高的版税，根本赚不来什么让家人在社交场合“长脸”的资本。

有可能，在不久之后，我的收入和社会地位，会远远不及那些曾经被我“看不上”的，完全被动地接受家里安排，去这里那里工作的朋友们。

那么是不是，只要等不到一个扬眉吐气的大结局，我的一切坚持就没有任何意义了呢？

当然不是啊！我写自己想说的心里话，做自己满意的作品，读新奇有趣但可能找不到工作的电影专业，为自己勾勒一种赏心悦目的生活方式……在这个坚持的过程中，我本身就是在享受。

连生命本身都只是一个过程，我们为什么老想着某个节点便是自己的结局？

我总记得宝莱坞电影《三个白痴》里，那个想当摄影师的儿子，去与那个一心希望他成为工程师的老顽固父亲沟通。他说：“如果我去当摄影师，也许我会挣得少一点、过得辛苦一点，但我这一生都会很快乐。”那个父亲听罢，颤抖着手，震惊而难以置信地，抚摸着他为儿子当工程师而新买的电脑。我满以为他会大发雷霆，结果他却在半晌之后吐出一句：“退了这台电脑，应该可以给你买一台像样的相机吧。”

当时就看得我热泪盈眶。

嗯，我从来都不会煲什么鸡汤，也给不出什么励志的段子。我只是觉得，在我们可承受的范围内，我们总应当努力去追求那些令自己开心的事情。哪怕我们终究无法用世俗的标准来证明自己的“成功”，难道，做这件事就不值得了吗？

人生最值得，莫过于心甘情愿。

我想，我追求的，从来都不是一个大放异彩满载而归的大团圆结局。而是，我会努力去做一件由头至尾都令我热爱和享受的事情，即便到了终点处一无所有——我在这个过程中，也还是很快乐。

你付出的不如他，却怪好运偏向他

[1]

很多时候你不是不能，而是不知道。

记得去年八月份时，我还是一个正在谈情说爱的准大二专科学生。

那个时候，我每天想的都是今天看什么电视剧、发什么说说、怎样让男票多喜欢我一点。

但是那时这样的我，是班上的班长，班上的大多数人是书都不会翻开的那种，更别说去上课了。

而我会翻翻书，自我安慰证明自己还是在学，因此大多数同学都认为我很上进和优秀。

我就被这样的认为迷得神魂颠倒，那个时候，我还真觉得自己很不错的。

至少，相比起来我还会看看书，我还知道要上进。我已经很棒了。

直到十月份的时候，我的爱情友情都出现了问题。因为太过于迷茫，我决定要去外面看看，于是我一个人去成都参加了一个两天一夜的活动。

参加活动的人大多都是重点大学的学生，知道后，我突然有点不自信，因为自己是一个专科学生。

他们有的马上去外省参加国际辩论赛、有的在准备自己的 GAPYEAR、有的在创业、有的准备出国留学，等等。

那个时候，我才发现自己一直自以为的还不错，其实什么能力什么亮点都没有，学历更没有，还如此骄傲自满。

比我努力比我优秀的人真的多得多。

那次活动，就像是打开了我的一个新世界，算是对我未来方向的一个大转变。

我发现原来除了每天讨论什么电视剧好看、怎样穿好看，还可以这样活。为了自己的梦想而活，做自己真正想做的事。

参加完活动后，我开始看书、开始参加更多的活动、开始接触更多的人。就算是到成都需要坐两个小时的车，我也愿意去。

如果我不出去看看，去接触比我优秀的人，我可能就只会听到别人说“比你牛的人还比你努力”，却从来都不会真切地感受到。

我可能还会继续的在我舒适圈里活着，自以为自己很努力了。

[2]

我们总以为自己很多事都做不了，但实际可以。

加入某写作群之前，我觉得能开公众号写作的人，就是超级厉害的人。

而觉得自己肯定不行，我高中语文就及格过一次，文笔一点都不好，又何谈写作。

加入写作群之后，发现很多人都在写作，打造自己的个人品牌。

我一开始觉得做这个好难啊，但在两个月的时间内，看着写作群的小伙伴迅速成长，从粉丝0到了1000+，从无个人品牌到开通了在行。

从来没有想到过自己能开通公众号，开始写作，还和写作群的小伙伴们坚持每日一更。

只有自己开始写作了，才发现每日一更真的好困难。

可写作群里有很多白天上班，晚上回家后还要带孩子的伙伴，都在坚持每日一更。

我问她们是怎么做到的？

“利用碎片时间，等人的时间、坐车的时间、走路的时间（用语音记录）、做菜的时间（听课程音频），实在不行就早起一小时，时间挤挤总会有的。”这个回答真心触动到我了。

我开始利用碎片时间构思文章、我开始尝试早上5点就起床看书写字。虽然我写得不是很好，但我相信有努力就会有收获的，至少在成长。

而在我坚持更文的这一周里，有编辑找、有公众号请求转载、整理的文章被大V转载。这仅仅是一周内所发生的事情，这些都是我以前从未想过的。

原来，我还可以写作。

想到了猫爷说的一句：

“当你的视野打开后，你就会知道更多的生命可能性，也许你就不会像现在这样活着，你会找到人生的方向。”

而一个人一旦找到自己的方向，找到自己喜欢的东西，他的执行力肯定不会差。

[3]

在我告诉我同学我开通了微信公众号，想学习新媒体的时候。

她问我：“什么是微信公众号？什么是新媒体？”

我算是在我们学校里到外面参加活动最多的一个了，我收获得不少，总想着跟身旁的同学分享心得。

却被问一句：“你是不是参加的什么传销组织啊！？”

被问到这种问题时的我，才发现自己已经走得很远了。

但身旁很多人依旧是在没有任何危机感的原地踏步。

很多人问我，“你怎么突然就这么努力了？”

有时候想开始努力，不是因为喝了太多的鸡汤，只是因为我见到了更大的世界，我发现人生不仅仅只为赚钱、结婚、生子，我发现我人生有很多种可能性，很多种活法。

这么有趣的人生，我当然想努力地把它过好啊！

视野究竟有多重要？

如果我不出去看看，我可能现在还在郁郁寡欢地四处问别人：“要怎么才能俘获男人的心？”；

我可能现在还在反复地自拍，然后P图半个小时，直到自己完美为止，再发朋友圈；

我可能现在还在跟朋友吐槽今天谁谁谁说了哪句话又怎样怎样了。

无法想象自己再次过着那样的生活。

你没有视野你就知道得太少了，你生命的可能性也就太少了，你总觉得自己这样不行，那样也不行。

继而你对自己的期待不会放开，不会有所提高，于是你所付出的努力也会与别人不一样。

专注地投入你的选择之中去

我有一个大学同学，只看他的朋友圈，你一定不知道他是做什么的。

今天你看到他在参加吴晓波读书会，明天也许在看逻辑思维的演讲；今天研究互联网风口转向了何方，明天又对网红时代的来临言之凿凿；今天听说新媒体火了，明天就开始问别人“你知道六神磊磊吗？”；今天向往着诗和远方，明天又在李银河阿姨爱与性的教导中思考人生的乐园。

奥斯卡来了，他为小李子感天动地；诺贝尔来了，他为村上春树捶胸顿足；木心的生日到了，他也要跟着感慨万千；陈忠实去了，他马上成了《白鹿原》的忠实拥趸。

是他，每天早上精神饱满地一边和群友打招呼一边上班；是他，每个周末还在公司挑灯夜战；是他，出现在各种各样的线下聚会现场；是他，每天晚上跟全世界说晚安。

我和他认识的时候，我们都还没毕业，还没有微信和朋友圈，不过那时候他在社交网络上的表现和现在比起来并没有太大区别。

那时候我以为他爱好众多，涉猎广泛，对多个领域都有研究。但几年后我发现，他依然是这个状态，却没有任何能够拿得出手的属于自己的观点。

几年下来，他换了几份工作，涉及了不同的行业和工作内容，但始终没有找到一个属于自己的专业方向并进行深入研究。以前网络上流传过一个段子：你用小米手机，穿凡客T恤，上 3W 咖啡听创业讲座，在家看耶鲁大学公开课，知乎果壳关注无数，36氪每日必读，马云的创业史了如指掌，张小龙的贪嗔痴如数家珍。肉夹馍只吃西少爷，约朋友得去雕爷牛腩，喜欢 Kindle 胜过 iPad，手机里没游戏全是 GTD 的 APP。如果上述条件都符合，那你在北京应该还在每天乘地铁。

这个段子准确地用一个黑色幽默，嘲讽了这个时代如我那校友一样浮躁的人们。但往深层去想，似乎又不仅仅只是浮躁这么简单。为什么他像新媒体编辑一样不停追热点？为什么他频繁地分享所谓的“深度好文”？为什么他花费大量时间积极地参加各种意义不大的线下分享会？

我想，除了浮躁以外，最大的原因是，他沉浸在了“我在学习的幻象”以及“渴望别人认同的虚荣”中无法自拔。

分享“深度好文”，到处参加活动，对每一个热点留下一段点评，让他产生一种“我在进行深度学习与思考”的错觉。实际上这些事对于提高自身的能力，拓宽自己的视野和格局，并无太大的意义。

一来，它们都是碎片化的，不系统的。每次的接触顶多算是管中窥豹，根本无法探究到其中的内核。如果真想进行深入了解，还不如看一本相关行业的书更高效。

二来，将自己的精力过多地分散到这些彼此之间没有关系的事情上，却对每一件事都了解得不透彻，也就无法发现这些事物内在的普遍规律，吸收并为己所用。

在没有专注点的前提下，将精力投入到碎片化学习中，其实是对时间的另一种浪费。

更可怕的是，你并不觉得自己虚度了时光，反而为自己处在一种“学习的状态”而沾沾自喜。

这道理看起来像一层窗户纸，一点即破，他内心深处未必没有意识到。

然而他还是乐此不疲地投身于此，因为他已经被另一件事——“渴望别人认同的虚荣”绊住了脚步。

这不难理解。

微博上，影单书单的转发量一直很高；朋友圈里，晒书的人也为数不少；知乎上，更是有很多人明明对问题没有深入了解却强行作答（甚至这种现象也被知乎讨论过）。

似乎是因为这样的动作，可以证明自己是个积极上进爱学习的人，证明自己是一个博学多才有文化的人。似乎这样的动作，可以迎来别人的艳羡和赞美。然而这一切都是虚假的。你并不是你想表现出来的样子，也没有人会发自真心地佩服你。毕竟，这个时代，真正值得佩服的人太多了。

这是一个最好的时代，好在越来越方便的工具以及越来越多元化的文化娱乐形态，只要有才华就能被发现并且以此为生。这是一个最坏的时代，坏在阶层固化，许多人碌碌无为，精神贫瘠，温水煮青蛙，失去了竞争能力，看不到未来的希望。

在这个时代，有人乘着海浪冲锋。他们被誉为风口上的猪，他们是这个国家最有智慧的创业者，他们是无数小而美的自媒体。

这些人精准地把握了这个时代与以往任何一个时代的不同，找到了自己的节奏。他们在台前风光无限，他们是大众眼中的明星，他们日进斗金，似乎这个时代专为他们而打造。

在这个时代，依然有人潜水而行。有时候他们被称为匠人，在一个不被大众关注到的角落，日复一日地琢磨着自己的手艺。有时候他们被称为理想主义者，抛开物质的诱惑，坚持着自己所热爱的事物。他们是这个时代最能沉得住气的人，虽然可能暂时无法成名，无法实现自我价值，但终将迎来最伟大的尊敬或是最久远的流传。

就像日本的寿司之神，就像鸡汤泛滥时代苦心孤诣的文学作者。冲浪者站在风口，收获时代的红利。潜水者暗自努力，等待着一鸣惊人。而大多数人在这个时代做不了冲浪的人，也没有耐心好好潜水，最终成了随波逐流的、得过且过的路人。

值得庆幸的是，如果你不想成为这样的人，那么你还有时间好好考虑如何去安排接下来的人生。那么，具体应该怎么做？被誉为“21 世纪的彼得·德鲁克”的格拉德威尔在《异类》中曾讲过“10000 小时理论”：人们眼中的天才之所以卓越非凡，并非天资超人一等，而是付出了持续不断的努力。10000 小时的锤炼是任何人从平凡变成超凡的必要条件。

所以，你需要做的是，首先选对一个适合自己的或者自己喜欢的方向，然后专注地耐心地投入进去就好了。不要试图将什么都学会，因为你每天只有 24 个小时，能把两件事做到专家的级别就已经是人中龙凤了。那么，究竟该如何选择这些值得你花上 10000 小时去做的事情呢？

我的建议是：除了工作以外，选择一些短期投入效果虽然不明显，长期投入却能够对你的行为习惯、思维方式、处世哲学、人生价值产生重大影响的事。

比如读书。说来惭愧，我开始有目的地坚持看经典书大概只有五六年的时间，相比身边的不少朋友而言，这个时间算非常短了。虽然最开始读书似乎并没有对我产生什么帮助，但几年下来，变化已经在不知不觉中产生了。

每过一两年，回忆起两年前的自己，我都觉得当时的自己是如此的无知和幼稚，看待问题的态度是如此的狭隘。通过阅读，打开了各种新世界的大门，对于我的价值观的影响潜移默化，又深入骨髓。

比如写作。从我开始认真对待写作这件事到现在已经过了两年，我深知自己还没有入门，所以不敢在此评价太多。但可以肯定的一点是，写作锻炼了我的思维方式。

通过写作，我不断记录自己的想法，对不少首次接触搞不懂的概念进行总结和反刍，终于加深了理解。可以说，写作训练了我的思维逻辑，让我更加了解自己，也加深了对世界的理解。

比如与优秀的人做朋友。我是个对社交兴致不大的人，但生命中有些优秀的朋友，即使不同行业不同岗位，即使不在一个城市，也一直对我产生着积极的影响。有时候是他们思考问题的方式启发了我，有时候是他们面对困境的态度激励了我，有时候我甚至把他们当成我的目标来努力追寻。

与这些优秀的朋友交流互动，你总能发现自身的不足，从某种意义上讲，他们不仅是我的朋友，更是为我指路的一盏盏明灯。

这个时代有太多干扰和迷惑我们的事物，遮住了那些本应花时间去做的事情。这时候更需要睁大你的眼睛，认清表象背后的本质。毕竟有太多人昨天还光鲜亮丽，今天却已经摔得体无完肤。

在这个浮躁的时代，坚守自己的选择，专注地投入其中，你才会走得更远。

想获得真正的独立需要足够的努力

我在即将离职的前几周见到了来接替我职位的人。一个22岁的女孩，青春靓丽，是被宠坏的北京大妞，和我聊天时说道，出国六年没有打过一份工，当初被父母送出来留学是因为她拒绝参加高二会考，在那天清晨把自己锁在房门里蒙头睡觉，因而失去高考资格。

出国后女孩在中介的建议下在一所收费昂贵的学校里学习酒店管理，在学到如何清洁酒店客房的时候，为了逃避艰苦的实习，她擅自休学回北京待了大半年，后来被母亲劝回来，又开始了第二次求学路。

毕业之后闲在家中，和相处一年的男朋友结了婚。老公想要开发房地产生意，女孩撒娇从家中要来百分之二十的首付，买下一块七十五万元纽币(约合人民币三百五十万元)的富人区地皮。二十岁出头从未有过建筑经验的老公，踌躇满志地计划着，用半年时间建一座估价一百八十万元的豪宅，说起来像儿戏般容易。

为什么别人轻松拥有的，自己却那么辛苦？北京大妞说，当初和男友结婚，和家中进行了许久的冷战，这回家人支援的十五万元纽币(约合人民币七十万元)，没办法让建成房子前的这半年日子和从前一般滋润，她被迫出来打工，极不情愿地讲："唉，这下我们要过半年的苦日子了"。

我和北京大妞相处了几天，看着从未有过任何工作经验的她，遇见新的问题总是怨声连天，也开始可以理解，这种每周上五天班，每天做八个小时，普通人所养家糊口的工作，在北京大妞的眼中就是漫长而辛酸的“苦日子”。

北京大妞和我聊到住房情况，我向她展示种满蔬菜的小花园。她睁大单纯的眼睛难以置信地对我说，“你还没有房子呢啊？！”在她的眼中，26 岁，差不多是可以退休的年龄，怎么会连个属于自己的房子都没有呢？为什么要浪费大好的青春，每天去上班累个半死还不去求助父母的帮忙呢？

我虽然已经习惯来自同龄人诸如此类的打击，但是心里还是被刺痛了一下。

我很佩服大妞可以随便一撒娇就从家人那里得来一笔巨款，去敲定一块七十五万元纽币地皮的拥有权，可我也十分骄傲我的账户在三年里攒下的一万块。那是把多少清晨和深夜狠心地拿去工作，用多少顿方便面去替代珍馐美味，把多少逛街和聚会的时间用来在家中静静地写字，才一分一分得来这样薄薄的储蓄，那种滋味，多么辛苦也多么踏实。

然而这些，我都没讲给北京大妞听。我想她不会理解，又或许她永远都不会理解。

很久以前看到这样一篇文章《我奋斗了十八年才和你坐在一起喝咖啡》。那时年纪小，只惊叹于城乡生活水平的巨大差距，如今对生活有了更深的感悟，再读时却感慨作者为了更好地生活所付出的多年的不懈努力。

作者说，“比较我们的成长历程，你会发现，为了一些在你看来唾手可得的东西，我却需要付出巨大的努力”。

作为农民子弟的他，为了改变命运，能够去大城市里的好学校读书，连中秋节都要站在路灯下默默地背着政治题，家中为支付高昂的学费东拼西凑。他在校园中忍受同学的嘲笑，吃便宜的饭菜，努力拿奖学金，拼命打工。毕业后靠一份微薄的工资还助学贷款，寄钱给弟妹读书，剩下的只能勉强支付基本开销，这一路走了十八年，他才融进上海这个国际化大都市中，能够和周围的白领朋友坐下来一起喝咖啡。

从一个农民到一个白领，明知道有这样大的差距，他却从来没有放弃过。

也许有人会说，“十八年这么辛苦，这样的努力值得吗？其实一辈子做农民也很不错呀！”我想这样奋斗的十八年，不只是一杯咖啡的收获，还有那么多的辛苦，让你一点点认清自己的极限、自己的能力，自己能克服多少困难，创造多少机会，能成为什么样的人，能过上多么美好的日子，而不只是接受生命给予你的最初的可能，不做任何挣扎与反抗。

毕业后我一直在用最简单的方式衡量自己的价值：当我可以做一份工作每周赚四百块钱，那我就只有四百块的价值；而当我可以赚到六百块的时候，我就知道我的价值变成了六百块；当我只会在餐馆里擦桌子，我只有擦桌子的价值；当我可以调酒的时候，我就有了调酒的价值；当我可以教中文的时候，我就有了中文老师的价值；当我努力写字被人认可的时候，我就又多了可以写字的价值；而当我可以把一件件心中所想的东西搬进生活里的时候，我就知道我的价值可以让我拥有一张床，一个书架，一盏台灯，一部车子……

而当我奢望着另一些还无法立即实现的梦想时，我就知道我必须继续努力，让自己变得更加强大，拥有足够的价值去实现这样的愿望。这样循序渐进的努力，在我看来是人生应有的步骤，让我看清自己的价值，审视自我的能力与极限，并且按部就班地成为更好的自己。可是身边的年轻人不再稀罕这样的品质，大家晒皮包晒车子，却从没有人提出这样的想法，“喂，我们晒晒努力吧！”

记得富二代朋友的爸爸对他这样说过，“我可以养活你，一辈子都没有问题，但是你这辈子一定要有一份可以养活自己的工作，你要去找到自己存在的价值。”

所以我看见朋友在富裕的家庭里，依旧做着同我一样的挣扎。他说，“小时候觉得自己家特别有钱，能够做很多人都做不到的事，活起来特别嚣张，可是努力这件事，让我看到了那么多比我好却比我更加努力的人。自己越努力就越看得到和别人的差距，越感知到差距就越想拼命努力，不甘心一辈子做碌碌无为的人。”

我问北京大妞：“当初为什么出国呀？”

大妞说：“哎，高三多辛苦啊，每天晚上那么晚放学，周末还要补课！”我又问她：“为什么那年的专业学一半就不学了？”

大妞理直气壮地说：“清洁客房多难啊，据说十分钟要搞定一间客房床单被罩的替换，而且还那么脏！”

我好奇地问她：“那你跑回北京大半年都干什么了？”

她心不在焉地说：“啊？就吃饭睡觉在家待着。”

人的一生为什么要努力？因为最痛苦的事，不是失败，是我本可以。

我想，这一生，与其抱着“父母的财富足够我一生挥霍”或者“我老公赚钱很厉害”的心情，不如亲自去尝试下生活的味道，别轻易在苦难面前退缩，这一次学会对自己说“我能行”。

你会发现，想获得真正的独立，这需要足够的努力。而努力的意义，并不仅仅是为了金钱和名誉，最重要的是，它让你认清自己，让你看见原来自己还有这样的一面——可以跨越重重的荆棘，可以爆发出巨大的潜能，可以没有听从命运的安排，也成了这么好的人。

你所有的努力到头来会让你满载而归

[1]

话说有位大佬散尽万贯家财，获得了一次穿越的机会。大佬回到了1998年，找到了那个犹豫不决、手握五十万元现金的青年，并告诉他："买房吧，十八年后，房价会翻十倍。"青年说："太谢谢您了！您贵姓？您认识我吗？"

大佬诡异一笑："我当然认识你，化腾。我叫周鸿祎。"

如果当初小马哥脑子一热买了房，你可能就看不到我在这写微信了。

历史是不是很奇妙？就像一场蝴蝶效应。

[2]

在职业生涯初期，我遇到两个贵人。

一个相识于火锅店。

那纯粹是个意外。彼时某台式快捷火锅刚兴起，不像现在遍布京城。看到一条消息，说望京某分店后天是一周年庆，凭官网打印的优惠券，当天就可打6.9折。

产品常识告诉我，方案设计者的当月绩效堪忧；生活经验告诉我，大部分人都不会带优惠券；扎实的数学基础告诉我，这有无风险套利，就算卖五块钱一张也稳赚不赔。

打印了两百张，开赴望京。忙活了一中午，挣了二百来块，却结识了这个前辈，他觉得"这个小兄弟有点意思"。

在此之前，我是一名传统理工男，立志在"c#"或"单片机”领域有所作为。如果那天我没去望京，而是选择待在宿舍，今天的我可能正以“资深工程师”的身份坐在 BAT 的某个工位上。

谢谢前辈看得起，有什么常带着这小兄弟。没见过世面的我，眼界大开，常被震撼：原来世界可以这么炫，原来商业还可以这么玩，原来北京有这么多神人，原来我真不是做技术的材料……

另一个是我的师兄。

母校素来有经验分享的传统。临近毕业，我也跟风写了一篇《求职记》，一来缅怀青青岁月，二来惠及后来之人。

机缘巧合，因这帖子结识了师兄。后来在师兄的引领下，我得以走进波涛汹涌又色彩斑斓的商业世界——感觉就像《海贼王》里的路飞，进入了伟大航路一样。

每念及此，还是对师兄心存感激：至少他把机会给了我，而不是别人。没有“师傅领进门”的当初，也就没有我的现在，我的人生抑或是完全不同的模样。

一场无厘头的推销和一篇心血来潮的文章，就这样改变了我人生轨迹，碰巧发生，毫无征兆。

想想人生很奇妙，就像一场蝴蝶效应。

[3]

都说“经商必学胡雪岩”。这位官至极品、富可敌国的红顶商人，结局可不怎么美妙。

因为左宗棠，他权势熏天、不可一世；因为左宗棠，他败如山倒、晚景凄凉。种下“官商互博”的因，得到“死于政治”的果。而“靠山即火山”的故事，在历史里轮回上演，古今无异。

看他起高楼，宴宾客，楼塌了。当年多少意气风发，如今已“坟头深深草木森”。

王熙凤一生狠辣犀利、处处争先，到头来“机关算尽太聪明，反倒误了卿卿性命”。倒是接济刘姥姥的无心之举，最后救了女儿巧姐的命。

“多行不义必自毙”是有逻辑依据的：把时间轴拉长了看，所作所为是人生剧本的线索，它会在某个不曾预料的时点，以某种意想不到的方式，带来理所应当的结果。

这种情况，佛教里叫“因果循环”，统计学叫“均值回归”，股市中叫“盈亏同源”，江湖术语叫“迟早要还的”。

长辈告诉我，对别人好，不要期待回报。对十个人好，有一个人回报就不错了，但过程中，你在输出靠谱、诚信和感恩，你在传播品牌和形成口碑。一个不经意的时刻，某个人会想到你，机会来找到你。接着，是一场蝴蝶效应。

“唯天下之至诚，胜天下之至伪；唯天下之至拙，胜天下之至巧”。曾国藩通透如斯，难怪能让毛、蒋两位领袖都心悦诚服。

这或许就是“要做好人”的理论基础了。

[4]

《爱拼才会赢》里讲：“三分天注定，七分靠打拼”。到现实一看，你不以为然：老天的权限只有三分？七分是最低消费！不信去问投胎小能手王思聪同学。

就算“七分天注定，三分靠打拼”，就算努力的权重只有三分，我们也要100%地努力，因为那七分我们左右不了。努力了，不一定如愿；不努力，连机会都没有。

第一份工作并不轻松。记得有段时间，一月休两天，天天晚上十点半。如你所料，满满的负能量：凭什么有人下班就能走，而我在那吭哧地干；凭什么有人动嘴就行，而我要无穷尽地加班？

日子还要继续，只有安慰自己：多干点活，多学点东西；学得越多，机会越多。什么机会？说不清楚。多想无益，干了这碗鸡汤，硬着头皮继续。

回头再看，当时全力以赴，总是对的。公司就这么大，时间一长，谁是什么样大家都清楚。个人的口碑需要点点滴滴地经营，同事的认可、客户的信任则在一件件事情里积累。而那段时间辛苦锤炼的基础能力，则在后来的无数个时刻帮到我，开启这样那样的契机……塞翁失马，把时间轴拉长了看，坏事可能是好事，吃苦或许是享福。

前辈曾点拨我说，初入职场，要懂得“春种秋收”，而不是“春种春收”。告诉你加班一小时 500 块，那谁都会去。你当然可以拒绝无偿加班，那也顺手拒绝了可能存在的机会。努力不是一天两天，不是一月两月，甚至可能一两年才能看出端倪——生孩子都要十个月呢。

读曹三公子的《流血的仕途》，看李斯从一阶草根到打工皇帝。自离开家乡，李斯苦心经营、艰苦付出，用十一年换来一个机会：一个“见嬴政一面”的机会，一个“嬴政让他试一试”的机会。

在北上广，这样的故事从不缺少：你用无数个辛苦的日夜，换取一个“试一试”的机会。你都不知道它是什么，唯有强力输出和高速成长，等待它，然后抓住它。

有个创业者很困惑，“如何找到自己的团队”。我的答案是“走出去”，去输出，去挖掘。躺在家里，团队不会来，订单不会来，资源不会来，什么都不会来；走出去了，或许能有一场蝴蝶效应。

世界确实是不公平的。相比“人民币玩家”们，草根的装备先天不足，只能花更多时间，更勤奋磨炼技术。机会越滚越多，装备越换越好，突然一天到了临界点，于是，鸟枪换炮，屌丝逆袭。

听上去有点辛苦？说千道万，都怪丘处机：如果当年丘处机不路过牛家村……

面对不公平，你更须咬牙去拼

当所有的挽手都拉开距离，你也没必要耿耿于怀。

毕竟那距离，是她前进了，你又有什么可絮叨的！有时候就是很羡慕一些人啊，会觉得你辛辛苦苦在坑底往上爬，人家已经沐浴阳光雨露，灵气傍身，虽说条条大路通罗马，可总有那么些人，生下来就在罗马。

不公平有两个转折点，一个是本就在罗马，你却在路上，而另一个，是你们本一起打拼，却不料对方一不注意就华丽转身，扶摇直上九万里。我在北京的感叹，就特别多。

傍晚下班，SOHO 旁余晖直落，也有些老人在喷泉旁遛鸟。南锣鼓巷很是热闹，稍稍深入一点的胡同里，却是一派清冷——也不是完全清冷，有那么些蝈蝈叫。

和同事加班到深夜后撸串儿喝酒，会对未来担忧啊，你说人生就是这么不公平，你辛苦一辈子，可能都买不起北京的一套房。但这北京人，一出生就攒在手上房子、户口，从小就和你长在二三线城市不一样。

这是往大了说，哪怕最为公平的高考，都会有地域之分。虽说都对本省稍稍宽容，那也到底不如很多占便宜的政策，在我身边发生过的，是我高中时的家教老师。

他高考完时来给我补课，考上的是武汉本省的华科，在武汉算是最好的两大高校之一。但他的分数是能上清华的湖北线的，而他不去北京的原因，仅仅是因为，无论机票，还是火车，都很贵。

高中的学费，都是学校的奖励金。怎么讲呢，他中考之前的物理竞赛名次喜人，市里顶好的高中也抛出了橄榄枝，然而县里的高中却说得诱人，学费减免。

就这么去了县里的高中，也是我的高中母校。那也是我们县最好的高中了，但资源是远远比不上那市重点。

所以鸡汤真没太多用，他在授课之余同我讲，你明知道有更好的机会，但不得不为了现实屈服，那感觉很难受的。

别人坐享其成的东西，你得走很远很远的路，才摸得到一点点。

我高考时他给我打了电话鼓气，挺可惜最后我比他差了近乎两百多分，也很是丢人。

他说，你们这些没吃过苦的小孩，根本不懂去争取机会。

我的大学在这一阶段，也产生了许多分歧，近十人出国工作，去了迪拜、阿布扎比、阿联酋的各方实习。

而我读的航空专业私下有些人说，拿了我们的学费是酒店管理的两倍，最后却在机场站岗。但也看到我们班一个男生去了东航。

其实在读书时，很多差异已经表露出来：有的人被老师喜爱，出席各种活动，学校和当地报纸有关联，她们的照片频频亮相报纸；而有的“比如我……”人，不受辅导员待见，甚至被歪曲事实同家长告状。

我感到最气愤的一次，是辅导员污蔑我们班一位他不待见的女生，告诉她父母，她在酒吧当陪酒，而原因不过是他去酒吧时碰到了她也在那儿玩。

你说一位父母听到自己女儿在酒吧陪酒，会是怎样的心情。

而我那位同学，又该多委屈，关键是即便如此被冤枉，最后反而她得给辅导员解释认错。

因为有的人虽然帮不了你的未来什么，但给你使绊子，还是能使很多绊子的。

这又是不公平，很多地方都有这些肆意妄为的现象，你先是一个人，再是一位老师，所以我可以理解你更为喜欢某些人，但你不能因为某些职权，肆意侮辱甚至凭着自己的臆想去向学生的父母告状。

当一位老师，你可以不锦上添花，也请别落井下石。

扯远了跑题了，但也可以扯回来，这又是人为的不公平。你总会在某些时候碰到一些帮不了你却倒打一耙的人，你只能躲着他扔石头，也许你运气不错能做那个被偏心的人，但要记住，身段放低，别飞太快，有了好运，也要注意天时。

毕业后各自就走不同的路了，但这是很正常的。你不得不承认有的人运气确实好，是我，我见了也眼红，但我有的自知之明是，有些运气就算不是他的，也不会是我的。

我身边这样的事太多了。我有一段时间很功利，很着急，我觉得身边的人好像都涨粉比我快，数据比我好，运气比我棒，灵气比我多，后来也慢慢觉得，好多事，急不得。

接受事实，然后平衡自己。

我最近神叨叨地养鱼，觉得风水很重要，我分给了另一个同事几条，结果我养的鱼一条条死，当初分给他的那几条是我当初觉得长得丑的。

他的却活得悠然自在。

那倒很不理解这说不通的事了。

人生哪有那么多公平公正的事呢，哪怕在恋爱上，我曾和小直私底下讨论我们另一个共同好友。

论容貌论胸围论身材论气质，小直都是不比她差的，但偏偏人家找了个很帅很舍得给他花钱的男朋友。

原谅我用的不是很爱她来打比方，因为好像有时候对比爱不爱的，拿出来比一比的，真的是谁男朋友买的包包比较贵，谁男朋友比较帅，那些他曾经在我发烧时半夜送粥，只适合分手后拿出来自己缅怀，这段感情，大家都算真过……吧？

可还是那个道理，就算那个又帅又有钱的不是她男朋友，也不会是你的。好多人看不惯的，酸的，不过是这个人原来不是和我差不多嘛，怎么就突然扶摇直上比我好那么多呢。

偏偏我还是原来那样没能跑多远。

这些话的重点，是你没跑多远，而不是人家突然扶摇直上。

世界是一张没有正确选项的巨大考卷，而所有的考试，其实都存在一些人走捷径，如果你有捷径，你可以走，但你没有，就得认真去复习，猜测究竟怎么做，才是属于你的正确答案，其实很多的欲言又止，都不过是因为知道说出口也没用。

但你不说出口，它永远会烂掉。

你不去复习，就只能交白卷，别人走他的阳关道，你就得挤过千军万马的独木桥。

至少不能被摔下去，那就得在这个不公平的世界，咬牙忍过。有本事，就让自己的下一代，做那个能走捷径的人。

你所亏欠的终有一天会要连本带利地还回来

[1]

我在偏僻的农村长大，出发去县城高中读书的那一天，母亲告诉我：加油，孩子，这是你唯一改变命运的机会。于是，我勒了勒背上书包的肩带，心里暗暗发誓要努力。

到了县城花花绿绿的世界，作为来自农村家庭、条件很差的我，总是感觉自己低人一等。我知道要改变自己的自卑心理，只有通过努力读书来找回自信。

刚刚进入高中时，我自己仿佛打了鸡血一般，每天早上赶紧吃完早餐，第一个冲到教室，中午不休息，晚自习也是很晚才离开教室。那时候，课桌被我刻意堆满一大摞书，像是“围城”一样，我把头埋在“围城”里面学习，不管外面的世界发生了什么。

可是尽管这样，我的成绩还是很差，经常在中下游徘徊。老师和我说：“没事，你已经很努力了，只是运气不好而已。”当时的我也是这样觉得：我已经很努力了，只是命运不公而已。

后来一个新的学期，班上来了一位新的生物老师，讲课生动活泼，上的课程内容是我非常感兴趣的。课上，我会用心思考问题；课后，我会带着问题去找答案。生物课我并没有像别的课程那样花很多心思，只是跟着老师走，多思考了一下。后来，我竟然考了全班第一，还拿了生物竞赛三等奖。

直到那一刻，我才知道，我之前只是一直在假装努力而已。我很早跑到教室，可是，我根本没有清醒，课文和英语单词虽然背过念过，却总是记不住。

别人在用心背书的时候，我总是在想着我怎么背不下，怎么这么难背，想着其他无关的事情。上课的时候也是这样，老师在上面讲课，我在下面低头写作业干着其他的事情。我每天拼命学习，心里想着我不能对不起父母，我要在学习上超过别人，却很少真正思考和学习有关的事情。

假装努力从而感动自己是非常可怕的，有时候它甚至比不努力还要可怕，因为它让别人连去唤醒你、启发你的机会都没有！

［2］

海是之前和我一起合租房子的室友，他同时运转着四个公司，忙得一个人几乎要掰成四个人用。

每天晚上，我是10点左右睡，他是12点多才到家。有一次半夜醒来，看他还没有回来，我打电话给他，他说他正在开会，要凌晨3点钟才回家。刚刚认识那会儿，这么努力的一个人，真是把我给震撼到了。

有一天晚上刚好路过他公司楼下，于是我打电话给他，他正在加班，要我去他公司坐坐。我跑到他公司，发现他正在打电脑游戏。原来，他每天那么忙的真相是：不管有事没事，一定要熬那么晚才回家。

我开他玩笑，说："大老板，同时开四个公司，钞票大把大把地赚噢！"

他却唉声叹气，面露难色说："唉，穷苦人一个，四个公司都是鸡肋，每年都要亏钱，放弃又舍不得。"

后来，他因为资金有限，不得不关闭了其中三个公司，就集中精力经营一个公司。熬了半年后，那个公司慢慢扭亏为盈，年底居然还给每个员工都发了不菲的年终奖。

他也没有那么忙了，给自己留出了更多时间去思考公司的未来发展方向，公司也越做越好了。

[3]

假装努力却没有收获，就好比：每个人家里都有一块地，地里埋着很多萝卜让我们挖。别人都是掘地十米去挖萝卜，但是有的人只掘了一米，就把萝卜硬生生给扯出来了。别人继续挖的时候，他就转而去挖别的萝卜去了。

后来，他挖了一大堆萝卜，地上满是坑，而别人只挖出来几个。于是，他因为自己努力挖萝卜而感动得泪流满面，却没有发现，别人的萝卜都是完整的，而他的萝卜全部是一大半截断在地里。更惨的是，别人的坑有十米深，经过几年的发展后已经俨然变成了一口口井，可以源源不断地从里面汲取水分，而他的坑都太浅了，就只是一堆坑而已。

你每天晚上读一下世界名著，看起来很努力，可是你一边读书一边刷微博、微信，看进去的章节马上就忘记了，于是你读了和没读没有啥区别。

你每天早上去公园跑步，看起来很努力，可是没多久后你就感觉呼吸困难，跑到你刚刚消耗完能量还没有开始燃烧脂肪时就不跑了，于是你每天跑步却没有减掉多少脂肪。

你每天在公司熬夜加班，看起来很努力，可是你每天都是无限次地重复这些程序，从来没有想过去改良这些程序，于是十几年后你还在重复这些程序，没有得到任何改变和提升。

真正的努力，不是比谁把自己虐得更惨，不是比谁花的时间更多，也不是比谁能进行更多的项目，而是找到合适的方法，抛下杂念，全身心地投入去做一件事情，多思考，多总结。

骗别人很容易，骗自己更容易，但是要骗这个世界真的有点难，因为你所亏欠的终有一天会要连本带利地还回来。

为自己的选择负责

我的朋友小马，他的口头禅是：我身不由己。

公司准备让他升职，但前提是，需要他到外地就职，小马放心不下他女朋友，就放弃了升职机会。小马说："我身不由己，毕竟，她需要我照顾。"

周末，我们叫小马一块儿出去玩，小马说他去不了，要到公司加班。末了，小马补一句："我身不由己，因为，领导让我周末把方案赶出来。"

小马酒量不好，但饭局上，仍免不了被人劝酒，他拉不下面子拒绝，经常喝醉。家人数落他，他说："人在江湖，身不由己。"

人生中的许多事，从来都是有舍有得，选择了干这件事，就必然要放弃干那件事，这是选择的代价，也是让人搞清楚自己真正在乎什么的过程，说不上好坏。可是小马的选择，并没有让他坦然，因为，他总是抱怨：抱怨女朋友拖了他后腿；抱怨上司不够人性化，逼他周末加班；抱怨朋友劝他酒，让他喝醉。

抱怨，是因为不开心；不开心，是因为有勇气做出选择，却没有勇气为自己的选择买单。这让小马看起来，一点都不潇洒。

我还见过许多像小马一样的人：他们选择了自己学习的专业，然后抱怨其实并不喜欢，说要不是父母让他选择，自己根本不会这样选；他们选择了自己从事的职业，然后抱怨它没有什么挑战，说要不是当初看许多同学都选择它，自己也不会选择它；他们选择和某人结婚，结果却抱怨过得并不开心，说要不是当初迫于外界压力，也不会跟她结婚……

他们做出选择，却无力承担因选择而带来的结果，更不敢去修正这种结果，于是开始抱怨，仿佛这一切的结果与他无关，完全是由外界造成的。他们像小孩子，因为小孩子并没有充足的心智资源和身体能量，去甄别、判断、选择和承担后果，所以，他们才要大人为他们的选择负责，他们需要监护人。

可是，如果你已经是大人了，我不希望你也像孩子一样抱怨。因为成熟的人，既会做出选择，也会为自己的选择买单：选择以后，结果好，就欣然接受；结果不好，就学会修正，而不是总在抱怨。

我的同事虎哥，入职七年，论能力、资历和人品，早已够格升为总监，七年中，更有多次机会可以让他晋升，可是他全都放弃了。很多人都为虎哥感到惋惜，因为他原本可以发展得更好，可虎哥笑着说："这并没有什么，在事业与家庭之间，我只是选择优先照顾家庭，可能每个人的选择会有所不同，但我很喜欢自己的选择。"

在生活和工作中，虎哥都很少抱怨，他只是踏实努力地做好自己的事，并平衡好事业与家庭。所以，即便他没有获得我们认为的"更大的成功"，但虎哥依旧赢得了所有人的尊重。

有一次，跟虎哥聊到"选择"这个话题，虎哥说，关于选择，在生活中我明白了这几件事：

人生就是一个选择连着一个选择。我们的一生，要做各种各样的选择：小到用什么牌子的牙膏、今天中午吃什么，大到从事什么样的职业、和什么样的人结婚……这些选择构成了我们日常行为的逻辑，更是把我们变成了独一无二的自己。所以，每个人以及他的生活状态，其实都是他自己选择的结果。

有选择就一定有放弃。你选择一个机会，就意味着要放弃另外一个机会，这在经济学里叫“机会成本”。我们都想两全其美，但现实是，你必须学会放弃，你什么都想要，往往最后什么都得不到。

既然选择了，就要承担。每一个选择的背后，必然有一系列后果。比如，你选择要一个孩子，就要准备好迎接孩子降生以后的各种麻烦事儿，它们可能会让你纠结、焦躁、失眠和抓狂，这是你在决定要一个孩子时，就要明白的。

与其抱怨，不如改变。有时候，我们选择的结果可能并不会如我们所愿，所以，这时候，你要学会去做一些事来改变这个结果，来让它更符合你的预期。坐着不动或者一味抱怨别人，纯属在浪费生命。

我很认同虎哥的这种诠释。为自己的选择负责，这是我们成长中的必修课。

学会规划，学会经验划分

道理听得再多，

也是别人的经验，

只有通过方法的转化，

才会变成自己的东西。

带我前行的始终是那个看似渺小，

埋头苦干的我。

你一事无成只因你把本该行动的时间花在了思考上

在我床头的书桌上，刻着一行英文：If you can not do, teach.（如果你自己做不到的话，就教别人去做吧。）做老师以来，我一直把这句话当作警钟。这是对那些可以把道理讲得头头是道，自己却做不到的人的莫大的讽刺。

我有一个朋友，江湖人称“道理王”，在引经据典、讲道说理方面，堪比东方不败。从古埃及文明到比特币他都能分析得头头是道，对娱乐八卦和婚姻人生也可以娓娓道来。加上他不俗的外表，让每个和他聊天的人都如沐春风，女生更是恨不能以身相许。

当时，我和他一起在北京漂泊，蜗居在中关村一个十几平方米的小屋里，这里是北京最繁华的地带之一，尽管屋小，每月房租却不低。

有一天下午，我和他坐在窗边。他右手两指夹着一支烟，猛吸一口，再缓缓吐出一个大烟圈来，“艾力啊，我最近认真研读了一本关于理财的书，你说现在存在银行里的钱每天都在贬值。要成功，要在北京混下去，混出个模样来，靠在公司做一个小职员，就算每年涨一点工资，五年升一次职，这辈子也没什么前途。要想出人头地，一定要不走寻常路！咱们凑点钱搞贵金属投资吧……”

后来，因为工作的关系，他搬走了。但每隔一段时间，他就会打电话告诉我，又换了工作，进入了新行业，或者又发现了短时间挣大钱的方法。但无论是新行业或是新投资方法，没有一个他最终坚持下来的，他也成了后悔药的长期服用者。出于朋友之情，我也曾试图提醒他："除了那些道理、分析，实际有效的方法和行动是不是更重要？"他愣了一下，继续很有底气地说："你看我上次说的那个股票真涨了吧。我要是当时买了，现在就有套房了。"事实是，到现在为止，他换了4次工作，月薪涨了1050元，职位从小职员升为一个5人小项目的组长。也许他真的有一天会被好运砸中吧，那时我也会绝对厚脸皮地说"苟富贵，无相忘"。

这个世界上有爱讲道理的人，更有爱听道理的人，总会有许多追随者们通过各种渠道来获得自己想要、需要或者觉得自己不得不要的道理。

可是，这些道理真的那么有用吗？听完英语学习讲座，立刻发誓半年拿下GRE、托福，一年拿到美国名校Offer，可每年拿到奖学金的人永远是少数；听了知名企业家的演讲，甚至只是看到一个励志的名句就热血沸腾，开始幻想自己好好拼一把也能出任CEO，迎娶白富美，登上人生巅峰；看了情感专家的微博分享，就决定做个"不忘初心，岁月静好"的女子，等着高富帅驾着七彩祥云来拯救平凡的自己……

只靠读道理，就妄图懂人生，这就意味着，大多数人实现不了自己的幻想。甚至，你要明白，有些成名成家的人，会在自己上楼之后抽掉梯子，再告诉想要努力向上爬的你："我当初就是通过努力飞上来的，你也可以。"

一年过去了，你依然没能去留学，甚至毕业成绩都不是优。面试工作时，才发现拿着四六级证书、计算机证书、当过学生干部的竞争对手太多太多。你幻想过的白马王子出现在海天盛筵上，或者被你认为是“绿茶妹”的女生围绕。盲目辞职，一场说走就走的旅行之后，回到原点，还要从底层做起，而以前的同事已经升职成为你的上司。

有多少人把性格交给星座，把努力交给鸡汤，把考试交给锦鲤，然后对自己说“听过许多道理，依然过不好这一生”。

年轻人总想和世界谈谈，可这世界并不想和你谈谈。哪怕你技能点全部升满，生命值和魔法值满槽，依然抵挡不住这世界深深的无情。年轻人很容易怀疑自己，进而怀疑人生，然后走上了那条平庸的路。但生活之所以精彩，就是因为总会有奇迹出现。关键是，你要掌握打开奇迹的钥匙——正确的方法。

上中学时，父亲就告诉我：“懂一百个道理，不如懂一个方法重要；一百次的感动，不如一次行动有帮助。”到目前为止，我那一点小小的成功很大程度就是缘于对这句话的领悟。

几乎所有人都害怕公众演讲。和很多人一样，我从小就特别渴望在众人面前出色自如地表达自我，但无论我怎样尝试似乎都无法达到预期。我又是一个很容易紧张的人，性格里有些怯懦。后来，我进入新东方当老师，不得不面对数百数千，甚至上万的学生。为了练好当老师的必杀技，我几乎看了所有能找到的讲解演讲之道、演讲技巧的书籍。曾经有那么一阵，我甚至变成了自己讲不好，但能教别人讲好的神人。

有一天，当我又一次在空无一人的教室里模拟演讲时，一位同事走进来，看了一会儿说：“你意识到自己存在的问题了吗？如果没有，这样讲一万遍也没有用。”

在他的建议下，我采用了“刻意练习”的方法。“刻意练习”是佛罗里达大学心理学家 K.AndersEricsson 提出的一套练习方法，方法的秘诀在于重复与反馈。

首先，练习者需要建立对正确方法的认识和熟悉。以演讲来说，必须真正去了解什么是好的演讲，而要想达到这一点，仅靠抽象的书籍是不够的。因此，我找来了几乎所有名家的演讲视频，反复观看、揣摩其中的精妙之处。有机会我还会去现场听一些名人的演讲，现场感受那种万人欢呼、掌声雷动的氛围。

接下来，我进行了练习—反馈—练习的循环训练。刻意练习，是以错误为中心的练习，练习者必须建立起对错误的极度敏感，一旦发现自己错了会感到非常不舒服，一直练习到改正为止。

无论模拟练习，还是上课讲课，我开始有意录制自己演讲的视频。回到家，再反复观看这些视频。一开始，看到视频中的自己会很不习惯，而且会发现很多之前自以为表现良好的地方实际却并非如此。像大多没有受过播音、形体方面专业训练的人一样，讲到激动处，我会使劲挥舞手臂，幅度大到在镜头上看不到我的脸，只看到一只手挥来挥去，身子也随之摇晃，没有力量；我还会经常重复“这就是说，也就是说”等口头禅，英语中就是“so……so……that……that……”；对于熟悉的内容，我会习惯性讲得很快，节奏感不强。而最要命的是没有镜头感，无法让听众感觉到我在注视着他们，在关心他们的反馈。

我把这些需要改进的问题用本子记录下来，不断进行纠正练习，并且与下一次的公众演讲视频进行对比，直到某个问题完全不再出现时，我才会把这个问题从本子上划去。

无数次的“刻意练习”之后，我不但对于新东方的课堂演讲驾轻就熟，而且还成为一名演讲师，站到了拥有成千上万观众的新东方“梦想之旅”系列演讲的现场。

畅销书《异类》的作者格拉德威尔说："人们眼中的天才之所以卓越非凡，并非天资超人一等，而是付出了持续不断的努力。只要经过1万小时的锤炼，任何人都能从平凡变成超凡。"我自然算不上天才，对于自己通过一番辛苦，取得的这一点进步，我的感触就是，世界上哪有什么成功独门秘籍，当你学会把最简单的事做到极致时，成功自然也就离你不远了。

这一路走来，尽管我对听"那么多的道理"有成见，但这并不代表着对此我不学习、不懂得，或者不care。而是我明白，道理听得再多，也是别人的经验，只有通过方法的转化，才会变成自己的东西。带我前行的始终是那个看似渺小，却埋头苦干的我。

有时候，道理懂得越多，给自己的束缚也就越多。不同的道理之间又常有矛盾，不同的建议之间也会有冲突，心灵鸡汤吃多了，味道也不同：有的咸，有的甜，有的辣。吃多了，肚子会坏，步子会慢，脑子也会乱。有些时候，把鸡汤和道理放在一边，先迈出一步，然后在实践中不断地总结、修正。只有这样，我们才不会成为那个懂得很多，会得却不多，最后几乎没有任何改变、一事无成的人。

这本书也讲道理，但更讲方法。我希望书里的每一章，都能帮助你迈出坚实的一小步，这样一步一步地，你就能走得更远，离自己的梦想更近。

你每天的坚持努力终会成就那个最好的你

前几天有人问我一个问题：对历史有兴趣，但是感觉摸不到门，怎么学？对这样的问题，我一般有个标准答案：先看通史，看几本通史，然后再说学习。

然后他问：看谁的？

我跟他说：钱穆、范文澜、吕思勉、白寿彝的都可以看看。

有意思的是，这个网友继续问：我听说，钱穆观点陈旧，范文澜是政治挂帅，吕思勉太过简略，白寿彝意识形态太浓，我看他们的会不会被洗脑，会不会被带到沟里去？

我说，你看过这些人的书吗？答案是没看过。

我说，要的就是这些人给你洗脑，因为你现在脑子里没有概念。你读了这些人的书，看了这些人的文章，被他们洗脑了，你才有些东西可以存在脑子里。要是他们能像存储数据一样把知识存到你脑子里就好了。实际上你看了吕思勉，才有吕思勉的知识，你看了钱穆，你才知道钱穆的思考，他们能给你洗脑，说明你得到东西了。

我们常常会以为“纯真”特别可贵，生怕教育和训练破坏了人的“纯真”。可“纯真”就像一张白纸，一张白纸的苍白有什么可骄傲的呢？

你没有看过那些书，你就不会懂那些书里的道理；你没有受过一个专业的训练，你就不会知道它的运行规律。

人是被自己的学习和经历所塑造的，你为你的兴趣爱好、专业所走过的路，吃过的那些苦，才构成了你自己，不同侧面的自己。如果你什么学习和经历都没有，你就是一张苍白的纸。

我小时候有个鸡汤测试，告诉你人生总共有一百块钱，这一百块钱代表你的生命。一百块钱来买东西，比如家庭幸福要花你六十块钱，事业有成花你五十块钱，学识渊博花你四十五块钱，很幼稚的一道题，代表你为你人生所做的选择。

选各种答案的都有。

当时给我印象最深的是一个小伙伴，他义愤填膺地站起来，说你们都不对，你们花了这一百块钱，你们生命就耗费在这上面了，悲哀啊！我不要做这样的选择，我就要做我自己，留着我一百块钱的完整。

班里的小伙伴都被他的雄辩和机智惊呆了，四面八方为他响起了经久不息的掌声。但是，现在想想。

你做你自己有什么可骄傲的？你只是一个一无所知的小朋友，你要是长得跟琼恩雪诺一样就算了，“knownothing”还有点萌。你的生命不去追求知识，不去拼搏事业，不去和睦家庭，你要干什么啊？生命总是要流逝的，你不去追寻那些值得追寻的东西，你咋不上天呢？

人都是训练出来的，没有训练，小的时候是小透明还有几分可爱，老的时候是老透明就太可悲了。

骆宾王七岁能诗，可他后来做《代李敬业讨武曌檄》一句一典。用典从哪儿来的，训练来的。他如果没有训练，写檄文的时候挠破头也只能写一句“武则天，你罪大恶极”，恐怕没人会记得七岁神童的“鹅鹅鹅”吧。

既然相信“一万小时定律”能够塑造一个专家，为何又要相信一张白纸的所谓“纯真”呢？

当然，我们不是所有人都有骆宾王的天赋，我们学的那些兴趣，受的那些训练，也许不能让我们成为那个领域的专家。

我们弹了几年钢琴，同样也成不了朗朗，我们跳了几年舞，还是成不了杨丽萍，我们看了那么多书，也没有成为吕思勉，我们临摹了那么多帖子，也没成为书法家，甚至我们连最差的舞蹈演员都做不了。但是，你在这些过程中，用的心血，流的汗，都融进你的血液，让你成为今天的你。

你弹过那些钢琴，你才能听一点古典音乐；你跳过那些舞，你才能欣赏它，而不是感叹一声“杨丽萍又老了”；你看过那些书，你才能不人云亦云追国学热；你临过那些帖子，你才能识别那些装神弄鬼的书法骗子。

是你的付出塑造了你，而不是那张白纸一下子变成了你。

那些看似简单的事其实做起来一点儿都不简单

[1]

上大学的时候，我们班的考研党分成了两派。

一派是以团支书为首的优秀学生们，另一派，则是像 H 这样的普通人。

判断是哪一派的标准很简单：没日没夜在图书馆学习的，就是团支书那边的。

而 H 们，则是“飞行”模式学习法，想学就学，想在哪里学就在哪里学，万一厌倦了，就停下来玩几天再重新开始。

到大四上半年的时候，H 放弃了考研，准确地说，是他们那一群人都陆陆续续放弃了考研。对他们而言，考研的周期太过漫长，太难熬了。

大四不考研，天天像过年。于是 H 们像暴风卷过的大海，一浪接着一浪。

无拘无束的生活使他们开始觉得那些拼死拼活要考研的人简直就是在给自己找罪受。

但是到了下学期要毕业的时候，他们开始真正着急起来了。

那个时候，团支书们已经拿到了考研学校的面试通知了，即使笔试没过的人也已经拿着一张早考好的证券从业资格证、银行从业资格证等证书开始找工作了。

而H们两手空空出去找工作，跟团支书们一比简直不是一条起跑线上的，毫无竞争力可言。

但H是个有点小聪明的人，他觉得自己虽然现在不能有个好前途，但若是能跟那些个“潜力股”们成为至交的话，兴许自己未来也能混得一片光明。于是他开始试图打入团支书的圈子内部。

但是在两周以后，H很沮丧地跟我说，原本他以为友情是几杯奶茶和几顿饭就能搞定的事情，但是没有想到团支书们的圈子是如此的铜墙铁壁。

“我站在他左侧，却像隔着银河。”这是H对他与团支书关系最形象地描述了。

于是H的计划失败了，他又回到了自己的朋友圈里去了，醉生梦死，却也惶惶不可终日。

[2]

物以类聚，人以群分。

细细一看你就会发现，H的朋友圈里都是跟他差不多类型的人：目光短浅，放任自由，没有理想，即使有也坚持不了几天，以频繁更换对象为傲，日常娱乐是K歌泡吧。

再看看团支书的朋友圈，也是跟他差不多的类型：做事有分寸，有远见，有实力，有耐心，对一件事情持之以恒。

他们也会去喝酒玩乐，但绝不因此而消沉懈怠，忘记自己真正要做的事情是什么。

一对比就会发现，H和团支书本就不是一个圈子的人。

在团支书考会计证的时候，H用“我以后肯定不当会计考了也没用”这样的话来安慰自己；

在团支书考六级的时候，H用“反正没有六级证书也能毕业”来安慰自己；

在团支书考研的时候，H用“我也考但是考不上拉倒，反正离毕业日子还长着呢”这样的话来安慰自己。

最后团支书该考的不该考的都考了，H啥都没有，还在自我欺骗着：“现在工作那么难找，有证也不代表就能找到好工作。”

殊不知，用人单位看到的不仅仅是有无几本证书的差别，而是一种别人在做事情上比你更持之以恒更有实力的证明。

[3]

我有一个姐姐在银行工作，一年挣几十万元。

前段时间她带了一个实习的女孩子，女孩刚来，对银行里的一切都充满着好奇与新鲜感。

在听说了姐姐月薪过万这件事以后，她显得格外亢奋：“我也要考到银行来工作！这里真是太好了！”

于是女孩回家后买了一大堆银行招聘考试要用的书籍资料，开始准备为自己的美好未来大干一场。

但是没过多久，出了一件事情。

两家银行为了争一笔存款而闹起了矛盾，另一家银行派人来姐姐的银行闹事，并试图故意抹黑该银行的形象。

但是闹事的人有点眼拙，找了那个实习生女孩的茬。

结局是女孩和对方大吵了一架，在对方准备找领导来治她的时候，女孩得意地丢下一句话：“我就是个实习的，你找了也没用！”然后飘飘然远去，再也没来上过班。

后来她告诉姐姐，回家以后她就把关于银行考试的书全部都扔了，“我发誓，我再也不想去银行上班了！这些明争暗斗太可怕了！还容易波及我这样的无辜！”

姐姐问她那你以后准备找什么工作，她想了想，说：“我准备去证券公司实习，听说那边环境也不错，待遇也很好。”

姐姐便祝她好运，女孩又说：“嗯嗯，我一直希望能成为你这样的成功女性，当然会好好做了！”

但不到两个星期，姐姐就听说了女孩离开证券公司的消息。

因为她做表格时少算了一个零被上司狠狠地骂了一顿，她气不过哭着跑回来了，之后就再也没去上过班。

姐姐说：

一开始我就估计她是要放弃的，因为你想拿那么多工资却还想着轻轻松松不做事是不可能的，不管是银行还是证券，每行每业都会遇到困难，都会犯错，都会被误解。

如果一遇到事情就放弃，一遇到挫折就退缩，那么你的理想境界永远都只会是你的理想境界，一个你永远都达不到的境界。

[4]

《庄子·外物》里讲了一个故事：

任公子为大钩巨缁，五十犗以为饵，蹲乎会稽，投竿东海，旦旦而钓，期年不得鱼。已而大鱼食之，牵巨钩陷没而下，骛扬而奋鬐。

简化成六个字，就是：放长线，钓大鱼。

“因为跟 XX 玩得好，所以做什么事情之前都要先考虑她一下。”这是很多人都会有的思维方式，特别是高中里那些认为友谊大过天的女孩子们。

记得我们高中文理分科的时候，班主任特地开班会强调：

不要因为我跟你玩得好，还想跟你在一个班，所以你选文科我也选文科。一定要根据自己的喜好与水平来做出理性正确的选择，否则你会后悔终身的。

班主任没有明说的一点是，你现在看重的那些友谊，你以为比你人生更重要，其实是因为你并没有看到真正的人生。

经历少的人往往最容易目光短浅，所以老师用自己往届的经验告诉你，想要昂首阔步地走，就必须抬起头，看得再远些。

“我为什么总是挤不进比自己厉害的圈子里？”无数个辗转反侧的深夜，你都这样问自己。

“那些人明明看起来与我相差无几，明明他们做的事情都很简单，明明我也可以做到的。”

但事实就是，你根本做不到。

那些看似简单的事情其实并不简单，抑或是虽然简单但需要坚持下来却很难，最重要的是，你给不了自己能坚持下去的信念。

你的大脑在叫嚣着“我好累啊我应该休息了”，于是你的手就情不自禁地点开了微信微博；

你的大脑跟你说着“我受不了了我要爆发了”于是你便大闹一场一吐为快。

因为对知识的输入过少，导致输出的东西不仅数量少而且质量低。具体就表现在大部分事情面前，你看得都不够远。

只能望见面前的人，即使看到得再多，也不及一个看得比他远的人。

而一个人读书少经历少，会造成目光短浅，更加会导致他没有增加知识输入的意识，于是便会构成一个恶性循环：厉害的人越来越厉害，差劣的人只能越来越望洋兴叹。

所以，“如果想要成为一名将军，哪怕你还是一个小兵，你也要站在将军的立场上考虑问题，那你很快就会成为一名将军。”

越是患得患失越容易一无所有

[1]

我最喜欢家庭聚会。

前两天和恺恺、豆豆一起在姑姑家吃饭，席间说起苏州附近哪里好玩儿。恺恺数着苏州附近的徒步路线，可以爬的一些小山，说哪条哪条徒步路线自己已经走了很多遍。我都没有去过。

恺恺说，最近这几年，又新学会了滑雪，什么双板单板的，说觉得特别好玩儿，他教会了一圈小伙伴，大家都特别喜欢，可以带我一起去。可是我不会哎。

然后恺恺拿出一张滑冰场的会员卡，说附近新开了一个滑冰场，这是他某一天晚上专门开车去办的。要不然下午我们去滑冰吧。可是我不会哎。

我突然就想起了前几年，也是一个朋友说起，说跑步特别有意思。他给我看 nikerunning 里他在世界各地跑步的路线图，5 公里，10 公里，半马，全马，一条条路线，记录着当时的天气和心情。我看着特别特别羡慕，但是心里想，可是我跑不动哎。

然后话题就截然而止了。当别人眉飞色舞和你说着那些跑步的心情，路上的故事，自己超越自己极限的痛快，你听得懂他说的每一个字，但你听不懂那样的心情，只能尴尬地笑笑，生硬地说，真好。

[2]

是不是有很多个时刻，我们都是这样的局外人。我们看着别人兴高采烈，看着别人上山入海，把日子过得风生水起，有滋有味，然后别人邀请你说，来吧，我们一起！我们却说，可是我不会。

因为我不会滑雪，不会滑冰，也没太徒步。我只能听着恺恺眉飞色舞地描述着，你能懂他说的每个字，却不懂自己真正参与的爽感。

然后我们就是这样一遍一遍地听别人说，一遍一遍地又羡慕别人，然后一遍又一遍地对自己说，可是我不会啊。

我们不知道那些说“可是，我不会”的时刻，我们自己亲手关上了多少扇大门，我们错过了多少个机会，又或者我们错过了多少快乐。

你不会滑雪，所以下次去北海道，你只能看着别人享受雪场，自己在一旁自拍。你不会滑冰，所以下次昆明湖结冰了，你只能看着别人在冰上起舞，自己冻得两颊通红说，“好冷啊”。你不会游泳，所以下次你去到加勒比海边，你只能看着别人像一条自由的小鱼，和蓝天碧海融为一体，自己却因为不会游泳而害怕浮潜。

做一个 outsider，感觉真的非常差劲。而大部分的时候，我们之所以是那个 outsider，是因为我们不会，我们不能，我们不敢。

[3]

吃午饭的时候，我和恺恺说，那我们什么时候去滑冰嘛。恺恺说，下午就可以啊。然后闪过的依然是，我又不会，去了肯定只能扶着边上栏杆，没准儿在冰上站都站不稳，去了有什么意思。

我小时候就是这样，小时候恺恺去滑旱冰，我又觉得自己平衡能力太差，也胆小不敢，只能站在旱冰场外，看着恺恺滑。就是那种，他滑一圈过来，我对他招招手，还要挤出一点笑容，冲他招手。

所以，一直不去，那么什么时候才能会呢？

那些会游泳，会滑冰的人，他们一开始都是怎么会的呢？

那天下午我们还真去了，笑笑闹闹开车到了滑冰场，直到穿上冰鞋走两步，才发现，一切哪里有想象得那么难。你不穿上冰鞋，永远在那里问恺恺，冰刀到底有多窄，有多高，我究竟能不能站稳，又有什么意义。

后来恺恺拉着我滑了几圈，然后，自己跌跌撞撞能半走半滑，居然也能不扶着栏杆，自己转完一圈。走到有一个转弯口的时候，我看到外面一个穿着红色棉袄的小女孩，六七岁的样子，冲着里面一个正在滑过来，戴粉色头盔的小女孩招手。

那一瞬间，天旋地转，我拉着恺恺说，你看，我小时候就是那个穿红棉袄的小女孩。

我懂她的尴尬，尴尬地冲里面的小女孩招手，懂她强挤出来的笑容，懂粉红色头盔女孩儿又滑走时的失落。因为曾经，我就是她。

[4]

那天下午，和恺恺玩得非常高兴，运动带来的肾上腺素，以及终于摆脱了那种 outsider 的感觉，让整个人都兴奋异常。

虽然我去过很远的地方，我在巴塔哥尼亚冰川上徒步，在潘塔纳尔湿地里骑马，其实很早之前我开始长跑，开始跳舞，喜欢徒步，其实很早之前已经不再是那个胆小的小女孩。

但是，我一直没有那天下午那样深刻地体会到，原来一切都没那么难，你的胆小，你的退却，原因只有两个。

你怕疼。你怕丢人。

小时候滑旱冰，我怕摔倒了疼，我怕恺恺他们瞬间就学会了，只有我还学不会。我怕疼，我怕丢人。

其实长大以后也是一样。我们不敢张口说英语，我们怕说得不好，老外听不懂，旁边人嘲笑，所以我们宁愿不说。我们不敢决定出国读研，我们怕读了回来依然找不到好的工作，我们怕回来以后还不如那些没有出国的同学，我们害怕别人嘲笑的目光，所以我们宁愿不出国了。

但是回头看，谁还记得小时候摔过的跤，谁又记得谁嘲笑了你，更何况大部分的时候，根本就没有人嘲笑我们，是我们自己太在乎别人的眼光。

反而我们因为怕疼，因为怕丢人，然后选择不去学游泳，不去说英语，不去出国念书，才是最最愚蠢的决定。因为到头来，你想要规避的风险，终有一天会让你来偿还。

蔡康永说过："15 岁觉得游泳难，放弃游泳，到 18 岁遇到一个你喜欢的人约你去游泳，你只好说'我不会耶'。18 岁觉得英文难，放弃英文，28 岁出现一个很棒但要会英文的工作，你只好说"我不会呀"。人生前期越嫌麻烦，越懒得学，后期就越可能错过让你动心的人和事，错过新风景。"

[5]

我们因为害怕而退却的事情，其实特别多。但实际上，一切都没有我们想象得那么复杂、那么难。那些我们害怕的疼痛，有时候是青春必须经历的，绕不过去的痛。

我们摔过跤，呛过水，考过不及格，被拒绝过，被抛弃过，失过恋，分过手，我们一个人走在大城市里，迷茫地找不到前进的方向。

但难道说，我们就永远不去滑冰，不去游泳，不去考试，不再去爱，不再一个人在大城市里拼搏了吗？

如果真的是那样，才是一个彻头彻尾的outsider，才永远只能站在冰场外面，冲里面的小女孩尴尬地微笑。

我们可以因为一时的害怕和胆怯，患得患失，犹豫要不要向前一步，但我们不能永远做那个局外人，只能满怀着羡慕和失落，冲别人招手。

没有人一开始就站在那个局里，而里面的人很大程度上，只是比我们不怕疼，不怕丢人，却比我们拥抱了更多新的风景。

你可以迷惘，但不能逃避

在我接受过的咨询案例里，很多逻辑是在我的预料之外的，虽然我自己明明知道大千世界里每个人的价值观本来就不一样，这才是生活正常的部分。可是当他们生动地把自己的思绪呈现在你面前的时候，你会发现人与人之间的思考真的相差如此之大。

有个姑娘跟我倾诉，说自己一直处在被相亲的状态，而她才二十岁。女生问我，“我不明白，为什么我才二十出头，却要过着这样的生活，我还有很多事情想要去做，我现在真的很难过。”

我疑问，“为什么你要把自己弄成这样呢？”

她回复，“我没有办法说服家人，因为我的学历不高，我没有一份好的工作，我很难养活自己……他们害怕我越到后面就越嫁不出去了。”

你看看，这又是一个“这样的生活不是我想要的”一类怨念者，因为不敢承认是自己不够努力，自己不敢往前冲，自己不愿意走辛苦的那条路，于是就口口声声拿着父母作为挡箭牌，美其名曰“我没得选”。

我曾经也是千万迷茫青年大军中的一分子，那些年里也想过无数问题，有些难题渐渐找到方法，有些依旧还盘旋在心里，但是已经学会跟它平和相处。

我经常收到很多关于人生选择的咨询，有些人是具有被帮助的条件的，比如提问者本身就知道几个选择的利弊权重比，只需要我这样一个外人给他一把助力，就可坚定自己的选择。我们都需要温暖的慰藉，也都需要被肯定一场，所以这样的人是值得给出建议的。

但是另一种，表面上看是关于选择问题，实际上却是在逃避选择。比如一个本科毕业生，考虑着要不要考研，一方面害怕再付出三年的时间，出来能不能有更好的就业条件，另一方面又觉得现在就出来就业，自己的学历没有那么高的竞争力，所以也会很被动。这个说法换言之就是：我不想再读三年书了，但是我想拿到研究生学历那样的起点薪水。

我们且不讨论研究生学历跟本科生学历对一个人的工作发展影响多大，但我想问，这世上哪有那么便宜的买卖呢？其实这个提问的正向解答是：我打算考研，那么我就做好了要比本科毕业的同学更晚就业的准备，那么我就安心做好我的学业部分，同时我会尽力提高自己的积累，以保证我自己三年后有更好的就业资本。

“我不能保证自己这三年的付出得到的收获，能够马上在金钱上有所反馈，但是我会力所能及做好自己的那部分。”这才是让你做出选择的推动力，而不是一面不想本科马上面临就业压力，另一方面又因为不知道三年读研之后出来的状况会怎样，提前开始恐吓自己，徒增烦恼。

这山望着那山高，这不是一种正确的选择观，这只是一种逃避问题的方式。

同样的逻辑，那些考虑去大城市还是回老家生活的人，那些纠结选择自己喜欢多一点的人，我们都要在心里告诉自己，我们每选择一条路，就意味着我们与此同时失去了另外成千上万种可能。

我们要做的不是因为这成千上万的可能与自己擦肩而过感到悲哀，而是选择了眼前这一条路，选择了这一个人，那就必须全力以赴，然后让自己对得起当初的这一份选择。

“得不到的永远都是最好的”，这一句过来人留下来的箴言会让很多人不满意现在的生活，总觉得如果当初我选择的是另外一条路，那么我今天的生活会不会更好一些？我讨厌这样的假设，讨厌这样的回避，因为你不知道的是，选择任何一条路都是难走的，区别不过是先苦后甜还是先安逸后受苦罢了。

我也不爱听那些左右为难的选择，有时候人性的弱点就是因为太过于贪心，什么都不愿意放下，任何一种选择都想把好的部分收入囊中，不好的部分统统躲避掉。也是因为这样，当发现这样的妄念不能实现的时候，就干脆偷懒把问题丢在一边：“这不是我想要的结果”，“我也没有办法呢！”

人生很多的无能为力是我们必须接受的，可是还有很大一部分无能为力源于你的贪念，你什么都不愿意割舍，你什么都想要。你总是念叨着有太多的事情想去做，可是就任凭把自己放在十字路口也不愿意往前迈一步。

亲爱的，你得先下河才知道水深浅啊，你总得先走进其中一片森林，才知道那里的蘑菇有没有啊！

我很早就明白了这种无病呻吟的无聊，所以我不贪恋父母营造的温暖港湾，因为它并不能支撑以及保护我的一世安稳。顺着这个逻辑，我成了那个想得很多且有主见的人，我要做的部分就是找出一个理由给自己放弃那一条路，然后再想出很多份鼓励给自己选择的这条路多一些支撑。

之前看《奇葩说》，有一期是讨论穷游是不是值得骄傲的事，蔡康永最后的一段话很触动我，他说一个 16 岁的人进卢浮宫去看到蒙娜丽莎的微笑，和 66 岁时候再进去看，内心的感受是不一样的。“你错过了那个时间点，这件事情就没那么感人了。”

这一段一开始让我有些伤感，因为我发现16岁那年我根本就没有要去看世界的念头，我觉得这快三十年的岁月里，竟然没有一些值得让自己纪念的青春回忆，我有好多遗憾。

可是，转念我也明白，如果现在有机会让我回到16岁，或者回到大学时光，我一样是那个没钱的穷学生，我一样是那个没有勇气没有格局的小孩，我一样不会冒出一个念头说要去看世界穷游一场。

好在这些遗憾并不会让我太难过，我反而因为当年的得不到东西，变成了一个特别为自己而活的人。我明白挣钱的重要性，我学会用钱去换自己想吃的东西，去想去的地方，做一些自己想做的事。

这个时候，我要做的部分不是为过去的不曾拥有而难过，毕竟也不是所有的少年都会有影视剧里那样折腾的精彩青春，大部分人是平凡而过的。那么如今我们成年之后，当我们可以为自己做主以后，我当下要做的事情，则是不给下一段未来留有遗憾才是。

如今你要问我，如果还是迷茫不知所措怎么办？我的回答就是，一是忍着，二是忍着的时候，你总得做点什么。但千万记得，一开始不要选择容易的那条路，因为后面会越走越难。

你的人生还没有长到停下来去思考

我家小妹妹有天气冲冲地将一摞子书往桌上一堆，像是受了天大的委屈一样撅起嘴："我不学习了，也不考什么雅思了，考了有怎么样，又不一定能出国，出了国也不一定过得好，没意思。"

家中的长辈纷纷苦口婆心地开始劝慰她："你要好好学习给家人脸上增光啊""说不定会成为一个女科学家啊"和"优秀就是你的意义啊"等等等等老生常谈，小妹妹在这样的攻势下赶快服软，一边从善如流地说着"爸妈叔姨你们说得对，我这就回去看书……"，一边健步如飞逃似的溜进我的书房，转身关上门就忍不住抛出一个硕大的白眼。

我正在看好戏的表情被她抓了正着，她问我："姐姐你是不是也觉得我有病得治，治好之后好好努力光大门楣留下些不朽事迹什么的？"

"朽不朽的就说远了，有病得治倒是真的。"我毫不客气地打击了她。

她颓然地往我身边一坐，像是只被雨淋得精湿垂头丧气的小鸡："我就是觉得，我这么努力挺没意思的，好不容易上大学了，没有一场说走就走的旅行，没谈场恋爱，连课都没逃过几节。"

"可是你经历了许多其他的事情啊"我记得她参加了志愿者队，在破旧肮脏的宠物救助站里露出小太阳一般的微笑，记得她参加了商业实践社，才大二的时候就做出了一份有关校园地摊生意的详细商业计划书。还记得她有多少时间泡在图书馆里，每周兴致勃勃地跟我说，今天又借到了一本特别好看的书，记得她学会了轮滑，参加了广播站的录音，比我见过的大多数人都过得认真快活。

她恹恹叹口气说："本来我觉得自己的生活挺充实的，可是我们宿舍昨天卧谈，一下子就觉得努力是件特别没意思的事儿，还不如跟她们及时享乐，一起去逛街吃东西买衣服来得快活。"

这个让她"万念俱灰"的神逻辑，左右了她的想法。

大意就是你这么努力也不见得就能考个好成绩啊，考个好成绩也不见得就能出国啊，出了国能不能找得到工作也不一定，背井离乡人生地不熟的也不见得快活啊，所以还不如趁现在可以快活的时候好好享受更加直接有效呢。

听上去好有道理的样子。

大概所有的努力、优秀、奋斗、梦想都是太经不起推敲的词汇，它们加起来都远不如一根烤鸡翅来得实在，不知道有多少次听过这样类似的话。

你那么拼命有什么用，好像认真就能升职似的，你每天跑步有什么用，好像瘦了就能找到男朋友似的，你看那么多书有什么用，能给这世界带来什么益处……

说出这些话的人往往有着看破红尘超凡脱俗的眼神，他们用先知一般的语气告诉你，还不如遵从本心及时行乐的好，毕竟没人是贱骨头，放着现成的快活不取，偏偏要去谋求一个根本看不见结果的以后。

而被问这些话的人通常心里没底，因为他们很有可能还没有取得什么实际的成果来反驳这些谬论，所以要么被这些强力炮弹炸得信心全无万念俱灰，要么就死鸭子嘴硬地坚持一切努力都会得到报酬，然后在每一个徒劳无功的午夜偷偷叹一口气，问自己，他们说得是不是对的。

是对的，当然。

所谓意义，最终也不就是尘归尘土归土的遗忘吗。自古江东多才俊，名留青史能几人，唯一被记得的那几个，或许还是因为运气好呢？

就是因为她们说的这些，都是不能再正确的事情，所以思考人生，本来就是个给自己找不痛快的活动。

我十几岁的时候在书上看到杨绛回信的那句话："你就是读书太少而又想得太多。"当时还在沾沾自喜地觉得自己其实算是个阅读量挺大有那么一点资格去想的人，于是屡次将自己陷入非逻辑的死局，然后又得靠着大量的鸡血鸡汤慢慢吊着一点心气，用很长的时间复原。

直到被一位姐姐教育："你年纪轻轻，别思考什么人生，自己的事情都还没做到最好，偏偏要摆出一副看破红尘的姿态，你读过一百本书怎样，一千本书又怎样，自己没有走完一遭的时候，是无论如何都不会懂得的。"

说来也好笑，思考人生的大军往往都是二十出头的年轻人，刚刚脱去未成年人的"青葱"稚气，又没有步入中年的焦头烂额，于是有大把的时间用来思考，我做这件事到底是为了什么，我有什么梦想，我努力的意义是什么，我的人生有什么特别。

然后越想越心虚，直到将自己变成个颓唐萎靡的中年人，再反过来荼毒下一辈的年轻人。一切都是无意义的，一切都是徒劳。

可怕的是，他们说得都对。

你今天读了300页书，听写了50个单词，跑了5公里夜跑，参加了4个小时培训。

这些所有的所有，对于一年以后，十年以后，三十年以后的你自己可能真的并没有任何意义。

时光本来就是那么漫长的东西，以至于每个人穷其一生的努力和毕生向往的优秀都会像糖丝一样被拉长，越来越稀薄越来越微弱，直到消失不见，像一场不曾存在过的镜花水月一样。

可是它对于今天的你，就是有意义的，让你晚上入睡的时候可以不那么心虚，不会后悔自己又虚度了一天，不会又无聊又痛苦地刷着微博微信催眠，然后第二天清晨陷入一个好痛苦的死循环。

这就是你的人生，经不得深思，经不得细想，经不得放大拉长到整个时光之路去看去体会的人生。

所以，你还有许许多多的这样的一天，可以充实地去活然后满足地睡去。你还那么年轻，何必去思考什么人生呢。

不可小觑成功者的这三点经验之谈

[将寿命最大“延长化”]

很多人都有这样一种感觉，随着年龄的增大，时间流逝的速度越快。小朋友感觉时间非常缓慢，而老年人却觉得时间倏然而逝。小时候我们回忆一年前的事情便感觉发生了很久很久，而老年人一说起从前便是以十年为单位，并且恍若昨日。

西方一些心理学家有这样一种解释，非常有趣。

对一个 5 岁孩子来说，一年是他们一生的五分之一；而从五岁到六岁，一年是他人生的六分之一……而对一个 50 岁的人来说，一年只是他们一生的 2%。1877 年珍妮特提出，这种“比例原理”表明我们正在不断地将时间间隔与我们已经度过的全部时间数量相比较。

很明显，一年的时间不变，但是时间总量的积累却发生了变化，相当于分子不变，分母却随着年岁的增长越来越大，所以记忆值的相对增量便越来越小，从而感觉时间越来越快。这种因为生理必然而产生的原因是我们无法改变的。

但是，还有一种同样颇为有趣的解释，即我们习惯用节点来衡量时间，这些节点便是指一些相对重大的事件。

譬如在一年中，一个人如果经历了很多离奇古怪的事情，那么相比于他坐在办公室里平淡无奇的工作，更能让他感觉到时间的长度。因为每一个离奇的事件都成了他记忆中的节点，而在办公室，甚至流水线上日复一日的工作，便几乎失去了产生节点的可能。

很明显，尝试新的生活方式，更能延长我们的“寿命”。其实这和上面的时间增量一个道理，当我们尝试新的生活方式，那么这对于我们人生总的记忆来说，便是一种新的积累。这就让我们从主观上产生一种时间悠长的感觉。而坐在办公室里重复工作，因为工作的方法与手段，早已存在于我们的记忆里，所以每次工作便只需检索我们的记忆库，也就是说于我们的记忆总量而言，很少甚至完全没有增加。

所以，学习或者工作的时候，我们要学会尽量规避传统方法，尝试运用创新的思维。而在工作之余，我们则需要更多地参与一些活动。这样，不但能丰富我们的生活，更加能让我们的寿命得以“延长”。

[深度比广度重要]

在我们周围，通常会有这样一类人，他们博览群书，涉猎极广。从宇宙黑洞到市场经济，从哥德巴赫猜想到十字军东征，从黑格尔到郑渊洁……什么话题都能侃侃而谈。可是，他们却在自己的工作岗位或者行业里默默无闻，甚至稍显拙劣。

我们都知道，任何行业的精英，无不是因为其在自身的专业领域内拥有精深的造诣。因此，从现实角度出发，深度于我们更有价值。

当然，并不是说广度就不重要。当今社会是一个思维开放的多元化社会，孤独与庸俗不再绝对对立，一个人会因为深度而显得深邃超群，也会因为广度而变得博识有趣。更现实一点便是，深度让我们的人生更加卓越，而广度却让我们的生活更加丰富。

不仅是工作，将之影射到我们生活里同样如此。

社会学上有这样一个共识，即判断一个人的能力、财富、社会地位，比之正面入手调查，更精准的方法便是直接调查他身边的五个好友。

简单点说是物以类聚、人以群分，而如果究其根本，便是一个人的交际层次，永远决定于自身的层次。

于友情而言，一个知心好友在危难之时能够给予的帮助，绝对胜过无数泛泛之交；同样，在爱情里，一场刻骨铭心的爱情带给我们的启示意义，亦绝对深刻于蜻蜓点水般的滥情。

如果将深度当作生活的主食，那广度就是主食之外的饮品。只有当你主食得到了保证的前提下，饮品才显得有意义。

简之为一句话：深度决定层次，广度放大层面。

[慎众比慎独更具现实意义]

我们都知道慎独，即一个人在没有外在监督的情况下，仍能严于律己，不违背道德规范。所以，慎独更多的是一种修养与情操。

而慎众，即更多的是强调一个人在外界环境的诱惑驱使、干扰甚至压力下，仍能恪守自己的行为准则，以自身的行为意识为主导。所以说，相比于慎独，慎众更难把握且更具备现实意义。

勒庞在《乌合之众》里说：群体心理它可以让一个守财奴变得挥霍无度，把怀疑论者改造成信徒，把老实人变成罪犯，把懦夫变成豪杰。

譬如一个普通人通常能够遵守法律，而如果一群人聚在一起，一旦出现“暴力诱惑”，不具备严谨慎众能力的人，很容易便被激发出人类最原始的暴力野性。因为这时候更容易使我们滋生出一种从众心理，不能让自己因为与所处群体出现差异而受到排挤，而且“犯罪成本”无论从心理上还是实际处理，都会因为群体的原因而大幅度降低。

而且，慎众能力的缺失，容易让人产生一种短视的“等同观念”，即将群体狭隘地当成了整个世界，在这个世界里所有人都是同等。

所有人都在游戏，我当然也有了不去学习的理由；周围的人都是得过且过，我当然也可以心安理得地消极工作……也就是在这样狭隘短视的思维里，我们瞬间便失去了前进的动力。

所以，努力培养自己的慎众能力，可以让自己在群体社会里更加从容，不从众于外界，不屈服于环境。这也是很多鹤立鸡群的成功者所具备的优秀品质。

学会规划，学会扩大格局

不要让未来的你，

讨厌现在的自己，

困惑谁都有，

但成功只属于勇敢的行动派。

少些苛刻，多些宽容

[1]

和远在非洲工作的朋友聊天，他和我说起一件好笑的事。

每次和国内的朋友提起自己在非洲工作，总会有一部分人对此嗤之以鼻，立马表现出反对的姿态："你怎么会去那破地方？又穷又脏！"

朋友觉得不可理喻，居住在非洲的两年里，明明每走一步都是新风景与文化的发现，那里阳光明媚，民众热情，穷与脏完全不是公正的判断。

这样的对话发生多次，他学会反问对方道："你来过非洲吗？"

他们说："呵呵，就那破地方，给我钱我都不去！"

朋友无奈："为什么一些人的宽容度、接受度都特别差，明明自己并未亲身经历过，却喜欢指手画脚，告诉你'活成和他一样的人'才是正确的？"

这大概就是我们常说的，格局太小的人。

[2]

去外面吃饭的时候认识一个大姐，大姐是定居在新西兰的华人，听出我的北国口音，对我甚是热情。

几句闲聊后，大姐问我："你在这有自己的房子吗？"

我脱口而出："我没房子，住在房车上！"

大姐愣了一下，脸上的表情出现了一点不自然，语气也慢了半拍："你为什么要住在房车上呀？为什么不住在房子里啊……"

她的下颚往里收，用眼神立马和我划清了界线，那是几乎轻视的表情，她在用它给我贴上穷人的标签。

她缓缓说给我："我刚买了房子，住在 ×× 区，你知道吗？那是房价上涨最快的区……"

我摇摇头，匆匆吃过饭，想起和一个朋友说起自己住进房车后，她迫不及待来看我，不停地说着"cool"，那神情仿若忘记了自己是富翁的千金，能够买一百个同样的车。

离开时，大姐倚在柜台前，连看也没看我一眼。

我在心里轻轻叹气："你真的不知道自己错过了什么。"

[3]

几年前遇见一个 39 岁未婚的华人姑娘，那时她在和一个小自己 8 岁的当地男人谈恋爱。

未婚的 39 岁，那是一个多么危险的年龄，走到哪里都能感受到四面楚歌，前一秒还夸你年轻的人，后一秒知道了你未婚的状态，也表露出决绝的不宽容："都这么大年龄了，不结婚生子，哎，你怎么办……"

这姑娘带点诗人的天性，活得文艺又天真，偏偏要在一条偏僻的路上走出光明。

我那时深受逼婚之苦，漂洋过海的催促，让我向她急迫地求教。

她说："不结婚生子？这不是我的问题，而是他们的。"

她非常率性，一头帅气的短发把 39 岁的她和别人分出区别："去看看那些逼着你结婚生子的人，一辈子大概只围着这些事情转了，再看看那些宽容接受你的人，他们其实也给了自己更多的可能，几年后你就会发现他们的生活又完成了一些飞跃。”

她和我说的这句话，几年中经过我这里，转述给更多的姑娘，而我也在这行走的过程中见识到了宽容度的重要性。

[4]

很多时候，一个人有多少的宽容，也许就决定了他有多大的格局。

很久前遇见一个女孩，她和我说:“化妆的都不是好女人。”我从此从她的身边经过，心里总有作为风尘女子的心虚。

而几年过去，看见她晒出的自拍，照片里暗沉的皮肤和陈旧的装束，还有那一抹无神的目光，令我唏嘘她错过的不仅仅是美丽，也许还是一种更好的人生。

几年前刚出国时，遇见一些认定了“那些活得好的人都来自富裕的家庭”的人，再见面时发觉大多数人依旧在自怨自艾，拉着我讲述“一个三年内买房的朋友一定是傍了大款”，却没想过，有些人根本不舍得花时间抱怨，而是在艰辛创业。

上周和朋友见面，说道在新西兰的华人，百分之八十的人只去过三个城市。想起自己搬离奥克兰时，曾受到百般阻挠，身旁半数以上的人从未远行，却坚定认为我做出了错误的选择。

搬家一年后回奥克兰办事，看见曾经的相识，依旧在过同一种生活，我问自己：“这样的出国，还有什么意义？”

很少有人未曾遇见过那些“穷追不舍想要改变你生活”的人，但凡你做出有点“出格”的举动，对方就完全失去了宽容，仿若你这样下去便是自掘坟墓。

而几年之后我们会发现，当初对你“出格”的行为有万种抵触的大多数人，这一刻还在原地踏步着，那些年固执守着的“正确”的观点，并没有给他们带来任何的好处。

[5]

几周前在朋友家吃饭，朋友的女儿带回来一个朋友，那是一个身材纤细的“女孩子”，穿刚过屁股的短裙和十厘米的高跟鞋，走起路来妩媚撩人，一张脸却出卖了她。

那是男人的棱角，缩进一身女孩子的装扮里，她的眼睛看着我，生怕我因此嫌弃她。

几年之前我是绝不敢与这样的人做朋友的，非觉得她哪里有毛病。

近年来我对自己的满意不多，如果有一事令自己欣慰，就是宽容度增加了许多，能接受的事多了，看不惯的人少了，知道了眼见也不一定为实，不是所有事都如自己所想的那样。

用一个朋友的话说：“你的棱角少了很多，整个人柔和了，也成熟了。”

我没有用眼神或言语揭穿明显的事实，我只是问她，用女孩子相见恨晚的语气：“你的鞋子哪里买的？好漂亮！”

我们花很多时间探讨女孩子的话题，临别时她感动得几乎要哭出来，给了我一个大大的拥抱，她胸口前鼓起的两个“小沙包”，是空着的，却让我感到了万般的温暖。

普天之下，众生皆有苦衷，皆有各自的欢喜，一切行为都有缘由，不必因此刻薄，要学会接受，如果不能，就去宽容。

因为当你宽容了，更大的世界也就接受了你。

你也由此才能去体会，活着的更大价值。

别让未来的你讨厌现在总是诉苦的你

初中时候，我觉得我很苦，远离父母，寄人篱下生活和上学，满心都是委屈和青春期的困惑。我想跟一个年轻的老师说说，但发现她根本没空理我。那时候我就知道，别到处说你的苦，没人有责任给你答疑解惑，没人愿意听你倾诉什么负能量，搞不好还成为别人的笑料。当然，这也让我养成了隐忍和讨厌别人诉苦的性格。

我听过很多人讲困惑讲抱怨讲委屈，仿佛整个世界都负了他，也收到很多来信讲自己人生哪儿哪儿都是坑。起初，我很认真地回信，但发现对方再回复过来没有超过两句话的，基本上都是“谢谢，我会加油。”其实说白了，就是跟我这儿倾诉下，并不是要什么解决方案，更不是要我感同身受地帮助什么。慢慢久了，扫一眼一封信，如果大片的负能量，我就不回复了。有人说我冷漠，高高在上，其实是因为，我也不想接受什么负能量。这世界就一种人心甘情愿地接受负能量，那就是心理咨询师，但你得给他钱才行，除此以外，估计自己爹妈都懒得听孩子天天毫无行动力的念叨吧。

我有一个挺要好的男同事，什么都好，就是特别能抱怨。无论大家去哪里玩，吃什么东西，在什么时间，也无论我们各自后来跳槽到哪个公司，都不休止地抱怨工作、同事和老板，仿佛他去了哪儿，哪儿都是一群人渣。起初我和另一个小伙伴还安慰他，后来我们只能默默地听着，该吃吃该喝喝，不做任何发言，因为该说的话已经说了，已经完全不知道该说什么了。后来，我们再聚会的时候，都要考虑下，要不要叫上他啊，不叫他都是同事，可叫上他真的不想听负能量了。职场有点不满很正常，但抱怨太多，其他同事和老板也都觉得这人是真的能力不行，沟通和工作能力太差，一来二去，也没说他什么好话，不久他就真的转行做别的去了。

其实每个人都本能地想要听到振奋人心的好消息，生活已经够艰难了，谁还顾得过来别人的眉头呢？虽然很多时候朋友间郁闷的时候需要倾诉，但倾诉太多负能量谁都扛不住。当别人耐心地劝慰你一两次之后发现你根本没有行动力，只是一味地吐苦水，估计谁都不会再有耐心听下去了。如果你成天只能为鸡毛蒜皮的小事所忧心和劳神，那其实你可能也成不了什么大事。

年轻人都有哪些苦水呢？其实无非就是生活艰难，工作不满意，爹妈不理解，朋友不相信，当梦想照进现实自己特无力，可哪个年轻人不是这样挣扎着度过自己的青春时光呢？人生除了死，没什么大事儿。你以为自己够不幸的了，但实际上才哪儿到哪儿，比起那些大起大落的伟人来讲，你这都不叫事儿。比如发奖学金别人凭什么能靠关系，工作上的同事给你穿了个小鞋，父母不支持你去大城市闯荡，自己得了个颈椎病晚上睡不好，等等。当你回头看自己的过去的时候，你会发现，自己曾经怎么那么幼稚，怎么会被这点小事哭了好几个晚上？

很多人觉得，那些看上去很好的人，他们的生活一定没什么迷茫和烦恼，他们才是人生的幸运儿呢。但事实上，每个人都是一样的，只是别人的苦没说出来没让你看到罢了。我认识一个红人，还比我小两岁，日常八小时的工作是广告公司总监，作品获得过戛纳广告大奖，其次他还是一名作家、电台主播、国家二级心理咨询师、心理催眠、二级人力资源管理师。你可能觉得不可思议，一定是骗子，要么就是自我吹嘘，但你不知道，他从没有凌晨 3 点之前睡过觉;你不知道，他几乎日日更新自己的文学作品，每篇都 3000 多字。他从没有跟我说过自己的辛苦，也没有说过周围人谁不好。他总是很默默地跟我说："加油，努力！"就没有别的什么听起来高大上的废话了。

这两年，我认识很多新晋的豆瓣红人，其中的一些人从关注几百人开始，到今天的几万人，我眼睁睁地看着他们每日辛劳地更新，还一更就是大几千字。他们有人拿着微薄的工资薪水坚持梦想，有人在工作之余挑灯敲字，有人当了妈妈在月子里还笔耕不辍。这样的生活可能太拼了，可能不是你想要的那一种，可能还对身体不好，可能还很累，但这就是他们每个人的梦想。我猜想，他们都经历过时间不够用的困惑，遭遇过夜夜码字没读者的孤独，他们都曾在台灯下想要转身睡去，但我没听到过他们的任何抱怨，我只看到了他们成年累月的作品，像他们本人的头像一样，冷静而独立地逐渐被众人所知。

不要让未来的你，讨厌现在的自己，困惑谁都有，但成功只配得上勇敢的行动派。别让你的青春浸泡在抱怨和倾诉中，也别让每一次朋友聚会变成祥林嫂集合。如果你不想被负能量所包围，那就试着聊点振奋人心的话题，像那些积极勇敢的创业者那样，向周围的人汲取更多的正能量，让自己的眼睛也能闪着亮晶晶的光芒。

试试看，每天早晨醒来对自己说一个让自己愉快的好消息。你是什么样，就会吸引怎样的人来到你身旁。

心中有爱，万事无难

我们都有坐享其成的心理，爱情也逃不开最现实的依靠或是索取。大多数时候你不是不会爱，而是生怕自己因此吃了亏，以至于都不敢给爱情一个机会，如此错失的其实远不仅仅是一个人或是一件事，而是我们原本可以获得提升的生命境界。

城市繁华的背后有很多颗需要拥抱取暖的心，只是偏偏难以遇见，更止于相处之前。有的人在几次相亲过后就心灰意冷起来，问起原因几乎全是负能量爆棚。见个面聊个天原本也是一次彼此相识的机会，可有些男女要么各种条件要求挂在嘴边，市场挑拣东西般的市侩生怕自己吃亏，要么说着说着就跑题，全是各种抱怨各种压力，生活既然累到这种颠三倒四的状态还出来相什么亲啊。于是好多人都在感叹好男人和好女人消失了，问题是，到底有没有完全没有麻烦的爱情？世间男女都好到完美，只怕这才是天方夜谭，要去爱一个人还嫌麻烦又怕吃亏，那就别找了，自己过最合适。

条件好或是不好的女人都想找条件更好的男人，有房有车的更是对另一半要求多多，表面看着男人好像是弱势，必须优秀才能抱得美人归。但在大城市中因为单身女性居多，男人选择的余地反而更大，因为很多女人在起初一段所谓的不将就之后，都会因为年纪或是不独立，最终变成什么都能将就，以至于现在的渣男都在拼尽余生做暖男，所谓的暖却是私欲下的极寒。口不对心的远不止男人，女人也在一遍遍重复这样的路，一边是现实得不能再现实的拒绝付出，一边又是寂寞得不能再寂寞的错爱无数。我们都有坐享其成的心理，爱情也逃不开最现实的依靠或是索取，如果“好好爱自己”就是更狭隘的自私，那就别提爱，免得更心寒。

三十出头的女友离婚后带着五岁的儿子生活，经过一段时间调整之后，依旧年轻漂亮的她决定重出情爱江湖，但最近一年她的情路遭遇更是坎坷。未婚没孩子的男人不愿意接受她的孩子，勉强能接受的也提出能不能把孩子交给父母，不愿一起生活。找个离婚有孩子的男人，又被嫌弃是个男孩，将来的负担会重。女友经济条件不错，自己养育儿子完全没有问题，原本两个大人都好商量解决的事情，却为了孩子对方就选择了退缩。有人给她介绍比自己孩子大了五十岁的老男人，可对方听说女友情况面都没见就直言，不愿再找个有孩子的以免将来有财产纠纷。就算面对本应义无反顾的爱情，很多人还是怕麻烦，怕自己付出多了吃亏，只想找个对自己有好处的另一半想着占便宜。女友的困惑让曾经是单身妈妈的我也很有感触，即便自己可以全力以赴再一次去爱，也架不住对方怕麻烦的种种表现，对养育不是自己骨肉的诸多顾忌，尽管我选择放弃没有什么可惜，但也成了一种遗憾。

国人养儿防老的思想，让很多父母都把孩子当成私有财产，在拼爹拼妈的世风之下，这种养育理念又极容易变得极端功利。大多数人不能接受别人的孩子，认为养了也是白养，与其说后爸后妈难当，不如说我们没有真正能够敞开胸襟的更宽泛的爱。多年前在武汉香格里拉酒店，遇到一群来中国收养孤儿、弃婴的外国夫妻。这种跨国收养的手续是极其烦琐的，在向负责的收养机构提出申请后，首先要接受长达两年的调查，以便评估是否有能力抚养孩子，并为他们提供良好的家庭氛围和接受教育的条件。在确定一切无误后，这些父母还必须带着孩子在他国住满一个月，由当地的福利机构认可已能和孩子相处后才能回国，收养机构还将定期回访，以确保孩子健康成长。在这个漫长的过程中，每对收养孩子的夫妇都需要付出大量的人力、物力和财力，却均出于两个字：自愿。

国外家庭并不一定是夫妻不能生育才去收养孩子，有时却恰恰相反，大多是经济状态优越有自己的亲生孩子。他们收养孩子是觉得有能力给孤儿一份来自于父母的爱，让他们能和别的孩子一样生活在正常的家庭中，为社会减少负担。如此纯粹的理由，只怕在很多国人的心中是一件不可思议的事。不是自己亲生的都很难做到爱屋及乌，还去花大量的金钱和精力收养残疾孩子，养大了他们能有什么用？这倒是大多数国人的想法了。爱从来都由自己先做起，并不以结果论成败，哪怕我并不知道这份爱会给自己的将来带来怎样的结局，也要在有能力爱的时候先去爱，这是一种高尚的教养与素质。

现如今的爱情大多过于奢华，即使我们一袭布衣，本色已经被洗成不伦不类，也都向往着王子与公主的相遇，又能够过上富贵与幸福并存的日子。爱情流于了表面的肤浅与华丽，是免不了脆弱与不堪的。理想为利益妥协，道德在欲望里坠落，坚持在背叛里沦陷，原本单纯的心灵也在打击里一日日阴暗下去。男人变得无耻，说是因为女人的堕落；女人变得疯狂，说是对男人的绝望。在这样的一些男女中，爱情还没升起就已经被扼杀。当我们活着成了抱怨，爱着成了占有，过着成了索取，别人又凭什么来钟爱我们一生？大多数时候你不是不会爱，而是生怕自己因此吃了亏，以至于都不敢给爱情一个机会，如此错失的其实远不仅仅是一个人或是一件事，而是我们原本可以获得提升的生命境界。

坚持本来就是一件极其不易的事情，即便我们能够一辈子做自己的太阳，光芒偶尔也会被雾霾遮挡，但心中有爱的人终究不会迷途，因为从未曾忘记一路上予人玫瑰、手留余香，又会还你满满的正能量。

择其善者而从之，择其不善者而改之

我的一个同学小张，经常在别人聊起某件事时，发表评论："这东西没意思的！"

男同学玩手机游戏玩得很开心，他就说："这么弱智的游戏你也玩？完全没意思。"女同学最近在看韩剧，他就说："韩剧最没意思，那么傻的剧情你也看？傻子才看韩剧。"有朋友说公司最近去某地旅游，他就说："那地方没意思，根本没什么好看的，去了也是浪费时间浪费钱。没脑子的才去那种地方。"

总之，无论别人说什么，他都会打击别人说"这东西没意思"，然后讲出一连串理由来，仿佛他无所不知，同时别人错处多多，选的都是垃圾，同时还要加两句人身攻击的话。但实际上不管他说得对不对，大家都不想听，以后也不想再跟他聊天，分享任何事情。他态度太傲慢，就喜欢贬低别人的爱好。在他看来，只有他喜欢的，才是"有意思的"，别人喜欢的都"没意思"。

别人是来跟你分享一件事的，不是硬要跟你讨论什么大道理，你随口一句话，轻飘飘的，毫不负责，就把别人付出许多心血的爱好给打趴下了。这很不尊重人。

你觉得"没意思"不代表就没有存在的价值。你们喜好不同，也不要随意贬低别人的喜好。兴趣爱好没有高低贵贱之分。就算对方的喜好真的不好，也未必喜欢听你说教。

小张让人没办法接话的另一处是：别人跟他分享了一件事，他却要说出另一件事来跟别人比，一定要胜过别人，让别人尴尬。

有同学说："今年公司年会花了好多钱。"他立刻说："这算什么，某国际知名公司今年年会花掉几亿呢。"有同学说："我前两天考某某证书，终于考上了。"他立刻说："那个证书有个屁用，这年头许多人都考了。"

别人出于好意与你分享一件事，只是想告诉你，分享他的喜悦、激动、八卦，不是在跟你炫耀。这种动不动就要比试一下的心态，难怪没人要跟他做朋友。谁要跟这种你分享了一件事，他立刻拿另一件事来压你的人讲话？好心情都没了。

人与人之间经常分享自己的生活，你恨不得告诉所有人你见过世面，要抢别人的话题，要暗示别人"你太落伍了，这不算什么"，相信没人会想再跟你分享任何东西。

有时候倾听就够了。谈论是正常的。但请不要高姿态，自以为是。别人未必不知道。大家是在聊天、分享、八卦、说笑，不是在开会，更不是在竞赛，比谁的见识高。

与人交流切记第一要点：尊重别人。自以为很懂这一点，却处处言行相悖的，实在很有必要好好反省下。包括你我。

就算你真的很厉害，很聪明，也不要太显摆。待人宽和，是最基本的礼貌。

别人未必不喜欢你的聪明与出色，只是你"太过显摆"的态度叫人反感。有些人很聪明，瞧不起人，说什么话都透露着一股"别人都是废物"的味道，这就是智商高情商低，不懂得与人平等交流。

可惜现实生活中绝大多数情况是：自己就是半吊子，偏偏还自命不凡，动辄口出狂言，贬低别人，简直就是没智商加没情商的典型例子。

还是我那个同学小张的事。

时常别人分享了一件事，这件事别人做得不是很好，任何一个稍微懂得与人交流的人都知道，别人有不对，你告诉对方正确的方式就行了。他偏要先加一些评论："你怎么这么笨的""这么简单你都不会""这东西太简单了""这样……这样……不就行了""太容易了""完全不费事的"语调上扬，口气格外居高临下。

也许他真的很聪明，但说真的，没人愿意再跟他这种踩着别人的人继续交流。

人与人之间交流，最重要的一件事就是尊重对方。不谈让别人喜欢你，如果你不想让所有人讨厌你，与人交流中，一切行为都要基于在尊重对方的基础上。

你没必要奉承、巴结、讨好别人，但一定要尊重别人。别人说话，你可以偶尔插一句打断，但不要总是居高临下地开口就说：你这个想法有问题、你个傻子、这么简单的东西还要费这么长时间、太简单了、这样……不就行了。

是的，你聪明出色，对你来讲，某件事轻而易举就能完成。但这并不代表别人花很长时间做得没你好就是脑子有问题。而你趾高气扬地说"这样……不就行了"，实打实地就是在彻底地否定别人的辛苦的同时，还给别人贴上了"脑子有问题"的标签。

也许你觉得自己是在开玩笑、娱乐气氛，但说真的，被你说这话的人，未必这样觉得。而且你养成习惯了，身边所有人都不会再想跟你分享任何事，招你羞辱。

不要把自己的快乐建立在别人的痛苦上。这话我们都会讲，但实在有必要反省平时是不是真的做到了。别人有时候做得不好，你可以指出，谦逊是每个人都要学习的态度。尤其是当别人跟你没那么熟的时候。另外，你要真是高智商也就罢了，最怕你是自以为是的小聪明。

我没跟小张说他这些人际交流问题，因为我之前跟他讲过别的问题，他很不屑，说“这有什么，这根本不是问题”，还说我“脑子有问题”，语气跟“这个太简单了”“这样不就行了”一样语气上扬。没办法，我只好尽量少跟他正面交流。这种事，除非自我反省，别人讲了没用。所以我写在这里，与大家一起反省：有没有趾高气扬地显摆过自己，调侃、贬低别人，自以为是在调节气氛、开玩笑，对别人所做的努力大为不屑？不管有没有做错事情，都需要时常自省。

择其善者而从之，择其不善者而改之。

学会尊重别人与你不一样的人生

[1]

一次，和朋友走在热闹大街上，人群熙攘，络绎不绝，耳边是吵嚷音乐。

我们挽手嬉笑，讨论着时下的流行服饰，明星轶事。

一位上了年纪的女人就这样闯入了我的视野。

她看上去四十来岁，面容憔悴，身材臃肿，不入流的服饰撑作一团，头发肆意扎着，眼神茫然，对着过往行人不断送出手里的传单。

她发了一张又一张，人们拼命摆手，像嫌弃怪物般嫌弃她。

她急了，快步缠住一位衣装笔挺的男士，男人想要脱身，用力挡开，那时候，身后的人群不断推搡，她就这样毫不知情地摔倒在地。

“砰”的一声，无比笨重的身躯倒下了。

伴随着满天飞舞的传单。

人群哗然，有人大笑，有人绕道，自始至终，没有一个人，愿意将她扶起。最后，她满脸通红，一边忍受疼痛，一边挣扎，在这喧嚣里慢慢撑起身来。

捋捋凌乱的头发，拍下身上的灰尘，踉跄地弯腰捡起那些被肆意践踏的单子。

那一刻，我几乎想要拥上前去。朋友看出我的心思，一把拉住，神情淡漠：这种女人，年轻时一定不爱吃苦，如今才落到这般田地，不要帮了，事不关己。

我便退缩了。

走过去很远，回头，看到她右臂留着一道长长伤疤，她继续游走，抱着那沓满是褶皱、脏乱的传单。

朋友在打闹，我却夹在嘈杂里没了心思，莫名失落，不再说话。

[2]

几日后，在回家路上，我再一次见到了她。

心中是无法掩饰的惊讶，不觉张了张口。她朝我走来，左手搂着一个孩童，看上去非常孱弱，右手是病历本和一大沓厚厚单据，密密麻麻打满了字。

她依然在人群里，依然没有人理会。

那一刻，我忽然什么都懂了。

她就这样与我擦肩而过，我看着她移动的背影，忽上忽下的脚步，一股难受涌上心头。不知是马路刺眼，还是阳光炽烈，我竟感到心痛。我为我曾经那般怀疑而羞愧，更为我拿不出勇气去相信而后悔。

人总以为眼睛所见一切即为真相。目见贫穷，就以为他年轻不发奋，看过不堪，就认定他曾放纵了自我。妄自揣度，并且深信。

那时候的我，心中如万马奔腾，不停回响：永远不要随意揣度别人的人生，永远不要。

[3]

朋友跟我说，他干过一件傻事。

他说曾经因为几句话，差点失去一生挚友。

那时候的我们，几乎都是平凡家庭的孩子，每月拿着父母不多不少的生活费凑合。而朋友寝室有位公子哥，家族事业大，学校的一些项目他都参与了投资。

可想而知，在那个年代，是有多耀眼。

那是新学期开始，苹果手机还是奢侈品，室友们争先恐后想要体验，看着公子哥被室友围得密不透风，朋友冷不丁说了句：有钱就了不起吗？

霎那间，空气凝结了。

公子哥什么也没说，摔门而出。

那件事后，他们的关系是平静湖泊下的深渊，暗流涌动。

以前他总以为公子哥出手阔绰，一副不知生活艰辛的模样。

很久以后，他才知道真相，公子哥虽然家境优渥，但就因为这个标签，他不想活成家族的影子。那一年暑假，他独自一人做了两个月家教，没有回家，再用之前存下的钱，买了犒赏自己的礼物。

他忽然想起，很早前，每当睡醒，公子哥总不见了人影，问室友，说去了外面。

他总以为那是有钱人的潇洒。

而在知道真相后，他深深痛恨自己的愚昧。

那以后，岁月变迁，时光流逝，他们重归于好，可曾经因为自己言语的失当，这份友谊差点断裂。

很多时候，人总在知道部分真相后，就急不可耐，以为亲眼见到的即为所得，断定了事情发生的始末，全然忘了管中窥豹，只可见一斑。

[4]

之前微博热搜有个话题：女孩子在地铁蹲着很没教养

我不知道这事怎么跟教养扯上关系了。

我们只是看到女孩蹲在那里，却从不知道她的人生轨迹是怎样，她要蹲着的理由，或许是累了，只是那么一下，恰巧被你看到，你就发到了网上，还要硬生生地扯出教养。

所谓教养，就是懂得克制自我情绪，不做妄言之人。

这样未经许可的拍照，肆意评价揣测一个人就是很有教养的行为？

曾看过英国的一个真人演绎节目，工作人员伪装成流浪汉，到一家餐厅觅食，而节目组同时安排一位穿着大方，仪态端庄的女士，就此，流浪汉走到女士面前，他请求能否歇一下脚，女士提高着音量，大声呵斥，吸引了全餐厅人的注意。

随着反感升级，女士言语激烈，丝毫不尊重他人地辱骂，说着：你这样肮脏的人不配和我坐在一起。在座的一位男士看不下去了，他带着一丝愠色走到女士面前，冷静而克制地说：

也许你从不知道一个人在他人生的灰暗期经历了什么，每个人的一生都不可能一帆风顺，没有一点坎。现在，这个孩子，也许就处在这样的漩涡里，他需要的只是一点帮助和体谅。

随后，他带着流浪汉走到自己的餐桌前，给他点一份午餐。这时，节目组才卸下伪装，男士惊讶而动容，他说自己年轻时，因为叛逆流浪，那时候，正是一位老人，救济了落魄的自己。老人说：“我不知道你经历了什么，但我知道你一定有自己的原因，既然如此，我就选择相信，你一定可以走出来。”

正是那样的善举，让他心里失去的热情被点燃。那顿饭，他吃得泪如泉涌，涕泪交加，带着感激，选择归家。

我想起听过的一句话：不要随意评价一个人，当你不知道他曾经历过什么时候。

[5]

看《活着》那组照片，除了震撼还是震撼。那些镜头之下，生活的真相让人痛心疾首，直面那些痛苦，心如刀割。

60岁，每天卸货300吨，每吨6毛，只为了活着。

而评论里，有人肆意说着：

“300吨，6毛，一天180元，一个月30天，哇，高薪。”

“谁叫他们年轻时不好好读书，现在到老只能卖自己的苦力，活该！”

“干什么不好，非干这个，这是炒作吧？赚别人同情心！”

……

人言可畏，世事苍凉。

也许他年轻时根本无法拥有条件去改变命运。有一种贫穷，是祖祖辈辈相传至今，改变起来，如要突破固化的藩篱。如果他竭尽全力才能到你看到的模样，努力到无能为力了，才是勉强地活着。

可他生而为人，努力地活着，至少没有放弃。

你是否才对生命多一些敬畏，少一些无根无据的指责。

众生皆苦。当年轻人不给老人让座，就是不尊老，不对小孩理解，就是不爱幼。所有的一切，都以个人的价值尺度为标准，以世俗的定义去评判，从来不会真诚地，发自内心站在别人角度思考，去听一听，看一看当事人真实的想法。

可悲可叹，当我们对着看到的一切妄加揣测时，你是否又明白那些揣测根本毫无意义。

流言会把一个人压死吗？

是的。

[6]

人的一生怎样开始，无法被选择，但能选择如何结束。幸与不幸，永远不需要别人去评价。

不要轻易羡慕别人的生活，即使那个人看起来快乐富足。不要评价别人是否幸福，即使那个人看起来孤独无助。

古人说：凡人之举事，莫不先以其知，规虑揣度，而后敢以定谋。

便是如此，你不知道一个人的过去，就不要轻易评价，得出结论，有失公允。应不偏颇，亦不妄自菲薄。虽然这很难，但不是不可以做到。

柴静曾写：真相常流失于涕泪交加中。当我们追寻到全部真相，其实早就被那般真实震住，每个人都有不可与人言说的苦楚，他只是以一种顽强的生命形态展现在你眼前，这就够了，唯有去理解，宽容，原谅，支持。所以，永远不要随意揣度别人的人生，永远不要。

愿你明白，世间所有一切来之不易，每一种生命都值得被尊重。